生命科学

探究式学习丛书
TanjiushiXuexiCongshu

电子生化人
E – BIOCHEMICAL PEOPLE

人民武警出版社

2009·北京

图书在版编目（CIP）数据

电子生化人/章振华编著．—北京：人民武警出版社，2009.10

（生命科学探究式学习丛书；11/杨广军主编）

ISBN 978 – 7 – 80176 – 391 – 4

Ⅰ．电…　Ⅱ．章…　Ⅲ.①人 – 机系统 – 青少年读物②人体生物化学 – 青少年读物　Ⅳ. TB18 – 49 Q5 – 49

中国版本图书馆 CIP 数据核字（2009）第 192353 号

书名：**电子生化人**

主编：章振华

出版发行：人民武警出版社

经销：新华书店

印刷：北京龙跃印务有限公司

开本：720 × 1000　1/16

字数：153 千字

印张：12.375

印数：3000 – 6000

版次：2009 年 10 月第 1 版

印次：2014 年 2 月第 3 次印刷

书号：ISBN 978 – 7 – 80176 – 391 – 4

定价：29.80 元

出 版 说 明

　　与初中科学课程标准中教学视频 VCD/DVD、教学软件、教学挂图、教学投影片、幻灯片等多媒体教学资源配套的物质科学 A、B、生命科学、地球宇宙与空间科学三套 36 个专题《探究式学习丛书》，是根据《中华人民共和国教育行业标准》JY/T0385 - 0388 标准项目要求编写的第一套有国家确定标准的学生科普读物。每一个专题都有注册标准代码。

　　本丛书的编写宗旨和指导思想是：完全按照课程标准的要求和配合学科教学的实际要求，以提高学生的科学素养，培养学生基础的科学价值观和方法论，完成规定的课业学习要求。所以在编写方针上，贯彻从观察和具体科学现象描述入手，重视具体材料的分析运用，演绎科学发现、发明的过程，注重探究的思维模式、动手和设计能力的综合开发，以达到拓展学生知识面，激发学生科学学习和探索的兴趣，培养学生的现代科学精神和探究未知世界的意识，掌握开拓创新的基本方法技巧和运用模型的目的。

　　本书的编写除了自然科学专家的指导外，主要编创队伍都来自教育科学一线的专家和教师，能保证本书的教学实用性。此外，本书还对所引用的相关网络图文，清晰注明网址路径和出处，也意在加强学生运用网络学习的联系。

　　本书原由学苑音像出版社作为与 VCD/DVD 视频资料、教学软件、教学投影片等多媒体教学的配套资料出版，现根据读者需要，由学苑音像出版社授权本社单行出版。

出版者

2009 年 10 月

卷首语

　　本书分两部分,前半部分介绍电子学基础知识、计算机基础知识,并介绍电子机械与人体结合的可能性与实例,探讨令人神往的人机结合的完美境界。后半部分介绍人体生物化学知识,然后引入现代生物科学尖端技术探讨生化技术在医疗健康方面的应用前景。

　　本书内容深入浅出,文中涉及的原理、方法和技术除了简要介绍,还设计实例,运用探究的方法以促进理解和运用。

生命科学

目　录

生命科学

电 子 学

生命科学

电子元件

问题与探究

什么是电阻器?

电阻器是一个限流元件,将电阻接在电路中后,它可限制通过它所连支路的电流大小。

认识电阻

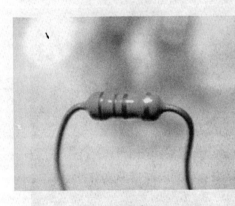

电阻器

电阻,英文名 resistance,通常缩写为 R,它是导体的一种基本性质,与导体的尺寸、材料、温度有关。欧姆定律说,$I = U/R$,那么 $R = U/I$,电阻的基本单位是欧姆,用希腊字母"Ω"表示,有这样的定义:导体上加上一伏特电压时,产生一安培电流所对应的阻值。电阻的主要职能就是阻碍电流流过。事实上,"电阻"说的是一种性质,而通常在电子产品中所指的电阻,是指电阻器这样一种元件。师傅对徒弟说:"找一个 100 欧的电阻来!",指的就是一个"电阻值"为 100 欧姆的电阻器,欧姆常简称为欧。表示电阻阻值的常用单位还有千欧($k\Omega$),兆欧($M\Omega$)。

问题提出:电阻器有什么作用?

小功率电阻器通常为封装在塑料外壳中的碳膜构成,而大功率的电阻器通常为绕线电阻器,通过将大电阻率的金属丝绕在瓷心上而制成。

如果一个电阻器的电阻值接近零欧姆(例如,两个点之间的大截面导线),则该电阻器对电流没有阻碍作用,串接这种电阻器的回路被短路,电流无限大。如果一个电阻器具有无限大的或很大的电阻,则串接该电阻器的回路可看作断路,电流为零。工业中常用的电阻器介于两种极端情况之间,它具有一定的电阻,可通过一定的电流,但电流不像短路时那样大。电阻器的限流作用类似于接在两根大直径管子之间的小直径管

变阻器

子限制水流量的作用。

问题提出:电阻器有哪些种类?

电阻器通常分为三大类:固定电阻,可变电阻,特种电阻。

问题与探究

什么是电容器?

电容器,顾名思义,是"装电的容器",是一种容纳电荷的器件。当导体的周围有其他物体存在时,这个导体的电容就会

电路板中的电阻器

受到影响。因此,有必要设计一种导体组合,其电容量值较大,而几何尺寸并不过大,而且当然不受其他物体的影响。这样的导体组合就是电容器,在物理学

电容器

生命科学

中电容器的概念可表述为："在周围没有其他带电导体影响时,由两个导体组成的导体系统。"电容器的电容(或称电容量)定义为:当电容器的两极板分别带有等值异电荷 q 时,电量 q 与两极板间相应的电位差 Ua – Ub 的比值,即

C = Q/Ua – Ub

电容器是电子设备中大量使用的电子元件之一,广泛应用于隔直、耦合、旁路、滤波、调谐回路、能量转换、控制电路等方面。

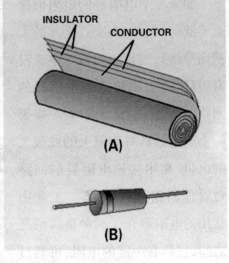

纸介电容

问题提出:电容器结构是怎样的?

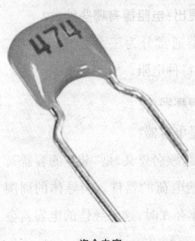

瓷介电容

电容的基本工作原理就是充电放电,电容的结构非常简单,主要由两块正负电极和夹在中间的绝缘介质组成,所以电容类型主要是由电极和绝缘介质决定的。

纸介电容是由两层正负锡箔电极和一层夹在锡箔中间的绝缘蜡纸组成,并拆叠成扁体长方形。额定电压一般在 63 V ~ 250 V 之间,容量较小,基本上是 pF(皮法)数量级。现代纸介电容由于采用了硬塑外壳和树脂密封包装,不易老化,又因为它们基本工作在低压区,且耐压值相对较高,所以损坏的可能性较小。万一遭到电损坏,一般症状为电容外表发热。

瓷介电容是在一块瓷片的两边涂上金属电极而成,普遍为扁圆形。其

电解电容

电容量较小,都在 pμF(皮微法)数量级。又因为绝缘介质是较厚瓷片,所以额定电压一般在 $1 \sim 3\text{kV}$ 左右,很难会被电损坏,一般只会出现机械破损。

电解电容的结构与纸介电容相似,不同的是作为电极的两种金属箔不同(所以在电解电容上有正负极之分,且一般只标明负极),两电极金属箔与纸介质卷成圆柱形后,装在盛有电解液的圆形铝桶中封闭起来。因此,如若电容器漏电,就容易引起电解液发热,从而出现外壳鼓起或爆裂现象。

问题与探究

什么是二极管?

几乎在所有的电子电路中,都要用到半导体二极管,它在许多的电路中起着重要的作用,它是诞生最早的半导体器件之一,其应用也非常广泛。

问题提出:二极管的工作原理?

晶体二极管为一个由 p 型半导体和 n 型半导体形成的 p-n 结,在其界面处两侧形成空间电荷层,并建有自建电场。当不存在外加电压时,由于

发光二极管

p-n 结两边载流子浓度差引起的扩散电流和自建电场引起的漂移电流相等而处于电平衡状态。当外界有正向电压偏置时,外界电场和自建电场的互相抑消作用使载流子的扩散电流增加引起了正向电流。当外界有反向

发光二极管在电路及仪器中作为指示灯,或者组成文字或数字显示。

电压偏置时,外界电场和自建电场进一步加强,形成在一定反向电压范围内与反向偏置电压值无关的反向饱和电流10。当外加的反向电压高到一定程度时,p－n结空间电荷层中的电场强度达到临界值产生载流子的倍增过程,产生大量电子空穴对,产生了数值很大的反向击穿电流,称为二极管的击穿现象。

二极管最重要的特性就是单方向

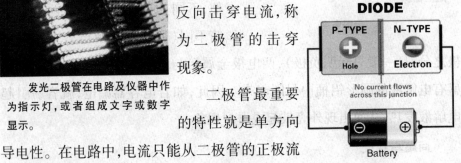

二极管结构

导电性。在电路中,电流只能从二极管的正极流入,负极流出。

问题提出:二极管有什么应用?

1. 整流二极管

高电流整流二极管

利用二极管单向导电性,可以把方向交替变化的交流电变换成单一方向的脉动直流电。

2. 开关元件

二极管在正向电压作用下电阻很小,处于导通状态,相当于一只接通的开关;在反向电压作用下,电阻很大,处于截止状态,如同一只断开的开关。利用二极管的开关特性,可以组成各种逻辑电路。

3. 限幅元件

二极管正向导通后,它的正向压降基本

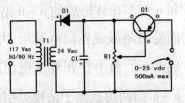

充电器电路图,其中二极管的作用是把交流电变换成单一方向的脉动直流电。

生命科学

保持不变(硅管为 0.7V,锗管为 0.3V)。利用这一特性,在电路中作为限幅元件,可以把信号幅度限制在一定范围内。

4. 继流二极管

在开关电源的电感中和继电器等感性负载中起继流作用。

5. 检波二极管

在收音机中起检波作用。

6. 变容二极管

使用于电视机的高频头中。

问题与探究

什么是晶体三极管?

三极管是一种控制元件,主要用来控制电流的大小,以共发射极接法为例

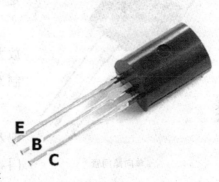

晶体三极管

(信号从基极输入,从集电极输出,发射极接地),当基极电压 UB 有一个微小的变化时,基极电流 IB 也会随之有一小的变化,受基极电流 IB 的控制,集电极电流 IC 会有一个很大的变化,基极电流 IB 越大,集电极电流 IC 也越大,反之,基极电流越小,集电极电流也越小,即基极电流控制集电极电流的变化。但是集电极电流的变

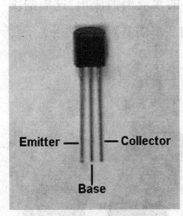

三极管结构图

化比基极电流的变化大得多,这就是三极管的放大作用。IC 的变化量与 IB 变化量之比叫做三极管的放大倍数 β(β = ΔIC/ΔIB, Δ 表示变化量),

三极管内

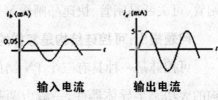

输入电流　　　输出电流

三极管放大作用

三极管的放大倍数 β 一般在几十到几百倍。

问题提出:三极管能放大电流,那么能产生能量吗?

单向晶闸管

对三极管放大作用的理解,切记一点:能量不会无缘无故的产生,所以,三极管一定不会产生能量。

三极管它可以通过小电流控制大电流放大的原理就在于:通过小的交流输入,控制大的静态直流。

假设三极管是个大坝,这个大坝奇怪的地方是,有两个阀门,一个大阀门,一个小阀门。小阀门可以用人力打开,大阀门很重,人力是打不开的,只能通过小阀门的水力打开。所以,平常的工作流程便是,每当放水的时候,人们就打开小阀门,很小的水流涓涓流出,这涓涓细流冲击大阀门的开关,大阀门随之打开,汹涌的江水滔滔流下。

问题与探究

什么是可控硅?

可控硅是可控硅整流元件的简称,又叫晶闸管。自从 20 世纪 50 年代问世以来已经发展成了一个大的家族,它的主要成员有单向晶闸管、双向晶闸管、光控晶闸管、逆导晶闸管、可关断晶闸管、快速晶闸管等等。

问题提出:可控硅结构是怎样的?

可控硅是一种具有三个 PN 结的四层结构的大功率半导体器件,一般由两晶闸管反向连接而成.它的功用不仅是整流,还可以用

双向晶闸管

生命科学

作无触点开关以快速接通或切断电路,实现将直流电变成交流电的逆变,将一种频率的交流电变成另一种频率的交流电等等。可控硅和其它半导体器件一样,其有体积小、效率高、稳定性好、工作可靠等优点。它的出现,使半导体技术从弱电领域进入了强电领域,成为工业、农业、交通运输、军事科研以至商业、民用电器等方面争相采用的元件。

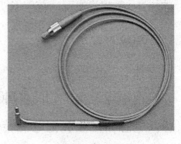

光控晶闸管

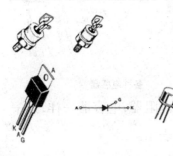

光控晶闸管及符号

问题提出:可控硅有什么作用?

可控硅在自动控制控制,机电领域,工业电气及家电等方面都有广泛的应用。可控硅是一种有源开关元件,平时它保持在非道通状态,直到由一个较少的控制信号对其触发或称"点火"使其道通,一旦被点火就算撤离触发信号它也保持道通状态,要使其截止可在其阳极与阴极间加上反向电压或将流过可控硅二极管的电流减少到某一个值以下。

问题提出:单向和双向可控硅有什么区别? 各有什么作用?

单向可控硅就是经过可控硅电流只能单向流动,当电流反向时候,可控硅就不通,简单地说就是其两边的电路短开了。所以它的用途之一就是用来稳流(你想,交流电电流方向不是要变吗,使用可控硅就只有一个方向的电流可以通过了)。双向的嘛,就是正反方向的电流都可通过,可以空来稳压。

当然可控硅最主要的作用之一就

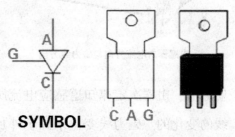

SYMBOL

可控硅结构图

是稳压稳流。

问题与探究

什么是电感器？

用绝缘导线绕制的各种线圈称为电感。电感器是能够把电能转化为磁能而存储起来的元件。

问题提出：电感器的结构？

电感器的结构类似于变压器，但只有一个绕组。一般的电感器是用漆包线、纱包线或镀银铜线等在绝缘管上绕

各种电感器

一定的圈数而构成的，所以又称电感线圈。它和电阻器，电容器一样，是一种重要的电子元件，在电路图中常用字母"L_0"来表示。

问题提出：什么是电感？

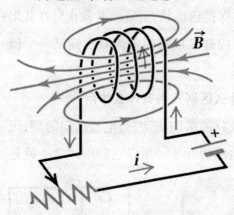

电感器内电流方向与磁力线方向

当电感中通过直流电流时，其周围只呈现固定的磁力线，不随时间而变化；可是当在线圈中通过交流电流时，其周围将呈现出随时间而变化的磁力线。根据法拉弟电磁感应定律——磁生电来分析，变化的磁力线在线圈两端会产生感应电势，此感应电势相当于一个"新电源"。当形成闭合回路时，此感应电势就要产生感应电流。由楞次定律知道感应电流所产生的磁力线总量要力图阻止磁力线的变化的。磁力线变化来源于外加交变电源的变化，故从客观效果看，电感线圈有阻止交流电路中电流变化的特性。电感线圈有与力学中的惯

性相类似的特性,在电学上取名为"自感应",通常在拉开闸刀开关或接通闸刀开关的瞬间,会发生火花,这自感现象产生很高的感应电势所造成的。

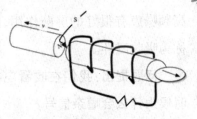

楞次定律

总之,当电感线圈接到交流电源上时,线圈内部的磁力线将随电流的交变而时刻在变化着,致使线圈产生电磁感应。这种因线圈本身电流的变化而产生的电动势,称为"自感电动势"。

问题提出:电感器的作用是什么?

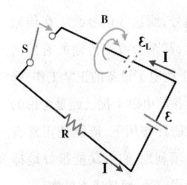

自感电动势产生示意图

电感线圈阻流作用:电感线圈中的自感电动势总是与线圈中的电流变化对抗。电感线圈对交流电流有阻碍作用,阻碍作用的大小称感抗 X_L,单位是欧姆。电感器主要可分为高频阻流线圈及低频阻流线圈。

调谐与选频作用:电感线圈与电容器并联可组成 LC 调谐电路。即电路的固有振荡频率 f_0 与非交流信号的频率 f 相等,则回路的感抗与容抗也相等,于是电磁能量就在电感、电容来回振荡,这 LC 回路的谐振现象。谐振时电路的感抗与容抗等值又反向,回路总电流的感抗最小,电流量最大(指 f = "f_0"的交流信号),LC 谐振电路具有选择频率的作用,能将某一频率 f 的交流信号选择出来。

电感器还有筛选信号、过滤噪声、稳定电流及抑制电磁波干扰等作用。

在电子设备中,经常看到有磁环,这些小东西有哪些作用呢?这种磁环与连接电缆构成一个电感器(电缆中的导线在磁环上绕几圈电感线圈),它是电子电路中常用的抗干扰元件,对

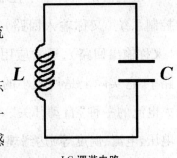

LC 调谐电路

生命科学

高频噪声有很好的屏蔽作用,故被称为吸收磁环。

问题提出:我们在收看电视的时候为什么会嘈杂信号?

大家都知道,信号频率越高,越辐射出去,然而信号线都是没有屏蔽层的,这些信号线就成了很好的天线,接收周围环境中各种杂乱

一个有 LC 调谐电路的电路板

电路板中的磁环具有抗干扰作用

的高频信号,而这些信号叠加在传输的信号上,甚至会改变传输的有用信号,严重干扰电子设备的正常工作,降低电子设备的电磁干扰已经是考虑的问题。在磁环作用下,既能使正常有用的信号顺利地通过,又能很好地抑制高频于扰信号,而且成本低廉。

问题与探究

什么是继电器?

问题提出:继电器的结构和工作原理是什么?

继电器是一种电子控制器件,它具有控制系统(又称输入回路)和被控制系统(又称输出回路),通常应用于自动控制电路中,它实际上是用较小的电流去控制较大电流的一种"自动开关"。当输入量(如电压、电流、温度等)达到规定值时,使被控制的输出电路导通或断开。继电器可分为

继电器

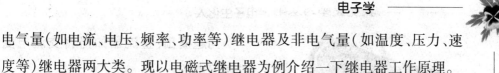

电气量(如电流、电压、频率、功率等)继电器及非电气量(如温度、压力、速度等)继电器两大类。现以电磁式继电器为例介绍一下继电器工作原理。

电磁式继电器一般由铁芯、线圈、衔铁、触点簧片等组成的。只要在线圈两端加上一定的电压,线圈中就会流过一定的电流,从而产生电磁效应,衔铁就会在电磁力吸引的作用下克服返回弹簧的拉力吸向铁芯,从而带动衔铁的动触点与静触点(常开触点)吸合。当线圈断电后,电磁的吸力也随之消失,衔铁就会在弹簧的反作用力返回原来的位置,使动触点与原来的静触点(常闭触点)吸合。这样吸合、释放,从而达到了

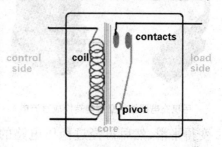

INSIDE A SPST RELAY　　　**pic r-1a**

继电器结构示意图

在电路中的导通、切断的目的。对于继电器的"常开、常闭"触点,可以这样来区分:继电器线圈未通电时处于断开状态的静触点,称为"常开触点";处于接通状态的静触点称为"常闭触点"。

问题提出:继电器有什么作用?

继电器在电路中起着自动调节、安全保护、转换电路等作用,具有动作快、工作稳定、使用寿命长、体积小等优点,广泛应用于电力保护、自动化、运动、遥控、测量和通信等装置中。

问题与探究

什么是整流器?

整流器是一个整流装置,简单的说就是将交流(AC)转化为直流(DC)的装置。它有两个主要功能:第一,将交流电(AC)变成直流电(DC),经滤波后供给负载,或者供给逆变器;第二,给蓄电池提供充电电压。因此,它同时又起到一个充电器的作用。

整流器

手机充电器能将交流电转换成直流电

问题提出:整流器如何将交流电变成直流电的?

整流是利用二极管的单向导电性,把正负交变的交流电变为单向的脉动直流电,再经过滤波电路使波形变得平滑,然后再经过稳压电路的作用,最后得到波形平直、电压稳定的直流电。

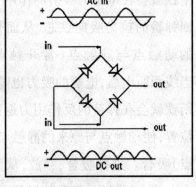

整流示意图

问题与探究

什么是熔断器?

熔断器是一种过电流保护电器,熔断器是根据电流超过规定值一定时间后,以其自身产生的热量使熔体熔化,从而使电路断开的原理制成的一种电流保护器。熔断器广泛应用于低压配电系统和控制系统及用电设备中,作为短路和过电流保护,是应用最普遍的保护器件之一。

熔断器可以保护电路电流过载

问题提出:熔断器器有哪些种类?

根据结构可分为敞开式、半封闭式、管式和喷射式熔断器。

敞开式

敞开式熔断器结构简单,熔体完全暴露于空气中,由瓷柱作支撑,没有支座,适于低

BLADE TYPE FUSE

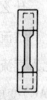
CARTRIDGE

刀片式和管式熔断器

压户外使用。分断电流时在大气中产生较大的声光。

半封闭式

半封闭式熔断器的熔体装在瓷架上,插入两端带有金属插座的瓷盒中,适于低压户内使用。分断电流时,所产生的声光被瓷盒挡住。

管 式

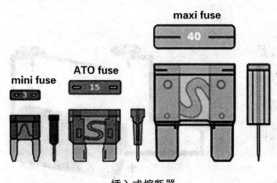

插入式熔断器

管式熔断器的熔体装在熔断体内,然后插在支座或直接连在电路上使用。熔断体是两端套有金属帽或带有触刀的完全密封的绝缘管。这种熔断器的绝缘管内若充以石英砂,则分断电流时具有限流作用,可大大提高分断能力,故又称作高分断能力熔断器。若管内抽真空,则称作真空熔断器。

喷射式

喷射式熔断器是将熔体装在由固体产气材料制成的绝缘管内。固体产气材料可采用电工反白纸板或有机玻璃材料等。当短路电流通过熔体时,熔体随即熔断产生电弧,高温电弧使固体产气材料迅速分解产生大量高压气体,从而将电离的气体带电弧在管子两端喷出,发出极大的声光,并在交流电流过零时熄灭电弧而分断电流。绝缘管通常是装在一个绝缘支架上,组成熔断器整体。

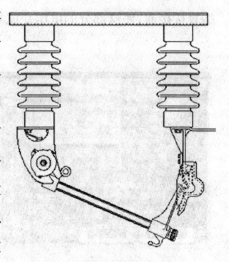

喷射式熔断器

电　路

生命科学

电路基本概念

电流流过的回路叫做电路,是由电气设备和元器件,按一定方式联接起来,为电荷流通提供了路径的总体,也叫电子线路或称电气回路,简称网络或回路。

最简单的电路由电源负载和导线、开关等元件组成。电路处处连通叫做通路。只有通路,电路中才有电流通过。电路某一处断开叫做断路或者开路。电路某一部分的两端直接接通,使这部分的电压变成零,叫做短路。

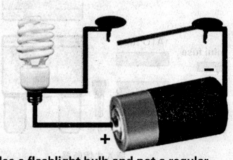

Use a flashlight bulb and not a regular light bulb when doing the experiment.

最简单电路必须含有电源、负载、导线和开关

电路有哪些部件组成?

电路由电源、负载、连接导线和辅助设备四大部分组成。实际应用的电路都比较复杂,因此,为了便于分析电路的实质,通常用符号表示组成电路实际原件及其连接线,即画成所谓电路图。其中导线和辅助设备合称为中间环节。

集成电路

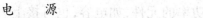

生命科学

电　源

电源是提供电能的设备。电源的功能是把非电能转变成电能。例如，电池是把化学能转变成电能；发电机是把机械能转变成电能。

通过变压器和整流器，把交流电变成直流电的装置叫做整流电源。能提供信号的电子设备叫做信号源。晶体三极管能把前面送来的信号加以放大，又把放大了的信号传送到后面的电路中去。晶体三极管对后面的电路

干电池是常用电源之一

来说，也可以看做是信号源。整流电源、信号源有时也叫做电源。

最常见的负载莫过于电灯了

由于非电能的种类很多，转变成电能的方式也很多，所以，目前实用的电源类型也很多，最常用的电源是干电池、蓄电池和发电机等。

负　载

在电路中使用电能的各种设备统称为负载。负载的功能是把电能转变为其他形式能。例如，电炉把电能转变为热能；电动机把电能转变为机械能，等等。通常使用的照明器具、家用电器、机床等都可称为负载。晶体三极管对于前面的信号源来说，也可以看作是负载。

电路中不应没有负载而直接把电源

两极相连,此连接称为短路。不消耗功率的元件,如电容,也可接上去,但此情况为断路。

导　　线

连接导线用来把电源、负载和其他辅助设备连接成一个闭合回路,起着传输电能的作用。

辅助设备

辅助设备是用来实现对电路的控制、分配、保护及测量等作用的。辅助设备包括各种开关、熔断器及测量仪表等。

> **动手做一做**　假设楼梯口有一个路灯,你想楼上和楼下都能实现灯的开和关,请你设计一个双联开关电路图,并做一个模拟的电路,看看是否可行。

问题提出:电路遵循哪些基本电路定律?

所有的电路都遵循一些基本电路定律。主要电路定律有如下几种。

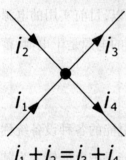

$$i_1 + i_2 = i_3 + i_4$$

基尔霍夫电流定律

1. 基尔霍夫电流定律:流入一个节点的电流总和,等于流出节点的电流总合。

2. 基尔霍夫电压定律:环路电压的总合为零。

3. 欧姆定律:线性元件(如电阻)两端的电压,等于元件的阻值和流过元件的电流的乘积。

4. 诺顿定理:任何由电压源与电阻构成的两端网络,总可以等效为一个理想电流源与一个电阻的并联网络。

5. 戴维宁定理:任何由电压源与电阻构成的两端网络,总可以等效为一个理想

欧姆定律

电压源与一个电阻的串联网络。

问题与探究

模拟电路和数字电路有什么区别?

根据所处理信号的不同,电子电路可以分为模拟电路和数字电路。

模拟电路

Transistor in cutoff

$V_{in} = 0 V$

$V_{cut} = 5 V$

5 V

"low" input "high" output

0V= "low" logic level(0)

5V= "high" logic level(1)

模拟电路图(放大电路)

将自然界产生的连续性物理自然量转换为连续性电信号,运算连续性电信号的电路即称为模拟电路。

模拟电路对电信号的连续性电压、电流进行处理,运算连续性电信号。最典型的模拟电路应用包括:放大电路、振荡电路、线性运算电路(加法、减法、乘法、除法、微分和积分电路)。

模拟电路主要由电容、电阻、晶体管等组成的模拟电路集成在一起用来处理模拟信号。有许多的模拟电路,如运算放大器、模拟乘法器、锁相环、电源管理芯片等。

模拟电路设计主要是通过有经验的设计师进行手动的电路调试,模拟而得到。

电源管理芯片(模拟电路)

数字电路

数字电路亦称为逻辑电路,将连续性的电讯号,转换为不连续性定量

生命科学

电信号,并运算不连续性定量电信号的电路,称为数字电路。数字电路中,信号大小为不连续并定量化的电压状态。

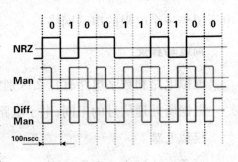

数字电路处理不连续定量的电信号

多数采用布尔代数逻辑电路对定量后信号进行处理,运算不连续性定量电信号。典型数字电路有,振荡器、寄存器、加法器、减法器等。

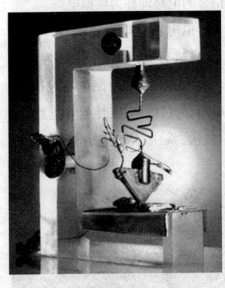

世界上第一个晶体管

我们来举个简单的例子比较说明模拟电路和数字电路:要想从远方传过来一段由小变大的声音,用调幅、模拟信号进行传输(相应的应采用模拟电路),那么在传输过程中的信号的幅度就会越来越大,因为它是在用电信号的幅度特性来模拟声音的强弱特性。

但是如果采用数字信号传输(相应的应采用数字电路),就要采用一种编码,每一级声音大小对应一种编码,在声音输入端,每采一次样,就将对应的编码传输出去,这样的信号是不连续的。在这一过程中,对于原始的声音来说,这种方式存在损失。不过,这种损失可以通过加高采样频率来弥补,理论上采样频率大于原始信号的频率的两倍就可以完全还原了。

问题与探究

什么是集成电路?

集成电路亦称积体电路（IC），顾名思义，就是把很多电路缩缩缩，缩小到一个很小的空间内，就叫做集成电路。集成电路内最主要的部分就是上面所说的开关，也就是晶体管，其它的部分还包括二极管、电容、电阻等构造。

在我们日常生活中 IC 处处都是，只

世界上第一块集成电路

一块小小的集成电路可以塞近一万颗以上晶体管及其它电路进去。

要我们伸手可得的电器产品，不论是手机，电脑还是遥控器，照相机，只要我们打开它们的盖子，发现里面有一颗颗方方正正伸出很多金属接脚出来的小小黑盒子，就是 IC。IC 的技术与发展，我们最常用的，就是描述它可以塞多少晶体管在小黑盒内，以现在的技术，我们已经可以在小小的空间内，塞近一万颗以上晶体管及其它电路进去！

小知识：集成电路发展史

在二十世纪的前半段，电子业的发展一直受到真空管技术的掣肘。真空管顾名思义是抽走了空气的玻璃管，内有阴、阳两极，电子会由阴极流向阳极。真空管本身有很多缺点：脆，易碎，体积庞大，不可靠，耗电量大，效率低以及运作时释出大量热能。这些问题直到 1947 年贝尔实验室发明了晶体管后才得到解决，晶体管就像固态的真空管。与真空管相比，晶体管体积

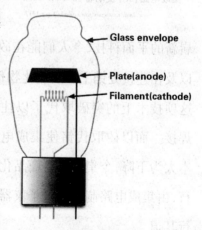

真空管示意图

生命科学

细小,可靠,耐用,耗电量少而且效率高。晶体管的出现,令工程师能设计出更多更复杂的电路,这些电路包括了成千上万件不同的元件:晶体管、二极管、整流器和电容。可是,体积细小的电子零件却带来另一个问题:就是需要花费大量时间和金钱以人手焊接把这些元件接驳起,但人手焊接始终不是绝对可靠。因此,电子业接下来所面对的问题,就是要找出一种既可靠又合乎成本效益的方法以生产和焊接电子零件。

集成电路(IC)发明者 Jack St. Clair Kilby
www. laojiahuo.com/wordpress1/? p = 1317

1958 年 9 月,德州仪器员工 Jack Kilby 成功将一组电路安装在一片半导体上,当时人们所见的是一片银色的锗金属,上面接满电线。当 Kilby 启动这个看似简陋的装置后,示波器的显示屏上马上出现了一条正弦曲线－一个简单振动电路。Kilby 的发明成功了！他将电子业一直以来所面对的问题解决了。

1959 年英特尔（Intel）的始创人 Jean Hoerni 和 Robert Noyce 开发出一种崭新的平面科技,令人们能在矽威化表面铺上不同的物料来制作晶体管,以及在连接处铺上一层氧化物作保护,这项技术上的突破取代了以往的人手焊接。而以矽取代锗使集成电路的成本大为下降,令集成电路商品化变得可行,由集成电路制成的电子仪器从此大行其道。

在 Kilby 的集成电路面世初期,没

集成电路应用（电脑主板）
http://commons. wikimedia. org/wiki

有人能想像到这一片微细的晶片能对社会造成多大的冲击,可见,如果没有了集成电路的发明,今日许多的电子产品根本没有可能面世。

基 本 工 具

知识解说

电压表

电压表是测量电压的一种仪器。常用电压表——伏特表,符号:V。大部分电压表都分为两个量程,(0－3V)和(0－15V)。

直流电压表的符号要在 V 下加一个"_",交流电压表的符号要再 V 下加一个波浪线"~"

电压表

实验技能:正确使用电压表

正确使用:①调零(把指针调到零刻度);②并联(只能与被测部分并联);③正进负出(使电流从"＋"极接入流进,从"－"接入流出);④量程(被测电压不能超过电压表的量程,用"试触"法选择适当量程。

动手做一做

1. 测试一节干电池的电压
2. 设计一个含有变阻器和小灯泡的电路,改变电阻测试小灯泡两端的电压。

问题提出：电压表的原理是什么？

首先，我们要知道在电压表内，有一个磁铁和一个导线线圈，通过电流后，会使线圈产生磁场，这样线圈通电后在磁铁的作用下会旋转，这就是电压表的表头部分。

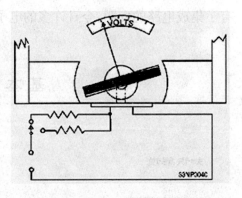

电压表结构示意图

这个表头所能通过的电流很小，两端所能承受的电压也很小（远小于 1V，可能只有零点零几伏甚至更小），为了能测量我们实际电路中的电压，我们需要给这个电压表串联一个比较大的电阻，做成电压表。这样，即使两端加上比较大的电压，大部分电压都作用在我们加的那个大电阻上了，表头上的电压就会很小了。

可见，电压表是一种内部电阻很大的仪器，一般大于几千欧。

电压表测出来的电压值准确吗？

任何电压表都是不可能不参与到电路中，也不可能是绝对准确的，它所测得的电压值总是会比真实值低一点的。

知识解说

电流表

电流表又称"安培表"，是测量电路中电流大小的工具。在电路图中，电流表的符号为"A"。

直流电流表的构造主要包括：三个接线柱

电流表外观

生命科学

［有"＋""－"两种接线柱,如（＋，－0.6，－3）或（－，0.6，3）］、指针、刻度等（交流电流表无正负接线柱）。

实验技能:正确使用电流表

正确使用方法:①串联,电流表要串联在电路中(否则短路);②正进负出,电流要从"＋"接线柱入,从"－"接线柱出(否则指针反转);③量程,被测电流不要超过电流表的量程(损坏电流表),用经验估计或采用试触法;④绝对不允许不经过用电器而把电流表连到电源的两极上(短路)。

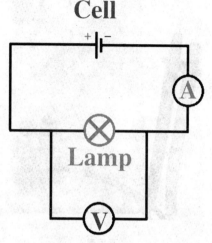

接有电流表和电压表的电路图

问题提出:电流表的原理是什么?

电流表内部有一永磁体,在极间产生磁场,在磁场中有一个线圈,线圈两端各有一个游丝弹簧,弹簧各连接电流表的一个接线柱,在弹簧与线圈间由一个转轴连接,在转轴相对于电流表的前端,有一个指针。

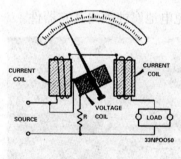

电流表结构示意图

http://www.tpub.com/content/neets/14188

当有电流通过时,电流沿弹簧、转轴通过磁场,电流切磁感线,所以受磁场力的作用,使线圈发生偏转,带动转轴、指针偏转。

由于磁场力的大小随电流增大而增大,所以就可以通过指针的偏转程度来观察电流的大小。

这叫磁电式电流表,就是我们平时实验室里用的那种。

动手做一做 | 　根据电压表和电流表工作原理,请你将电压表改装成电流表,并推导出电压计算公式。

生命科学

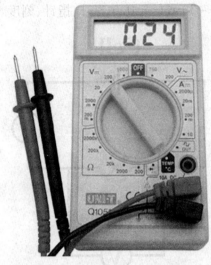

万用表

实验技能：正确使用万用表

1. 在使用万用表之前，应先进行"机械调零"，即在没有被测电量时，使万用表指针指在零电压或零电流的位置上。

2. 在使用万用表过程中，不能用手去接触表笔的金属部分，这样一方面可以保证测量的准确，另一方面也可以保证人身安全。

3. 在测量某一电量时，不能在测量的同时换挡，尤其是在测量高电压或大电流时，更应注意。否则，会使万用表毁坏。如需换挡，应先断开表笔，换挡后再去测量。

4. 万用表在使用时，必须水平放置，以免造成误差。同时，还要注意到避免外界磁场对万用表的影响。

5. 万用表使用完毕，应将转换开关置于交流电压的最大挡。如果长期不使用，还应将万用表内部的电池取出来，以免电池腐蚀表内其它器件。

知识解说

万用表使用方法

测量电流

直流电压的测量：要测量如电池、随身听电源等，首先将黑表笔插进"com"孔，红表笔插进"VΩ"。把旋钮选到比估计值大的量程（注意：表盘上的数值均为最大量程，"V－"表示直流电压档，"V

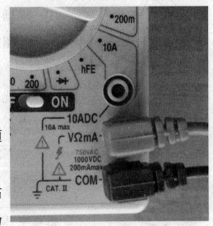

使用万用表要特别注意表笔插孔正确

~"表示交流电压档,"A"是电流档),接着把表笔接电源或电池两端;保持接触稳定。数值可以直接从显示屏上读取,若显示为"1.",则表明量程太小,那么就要加大量程后再测量。如果在数值左边出现"–",则表明表笔极性

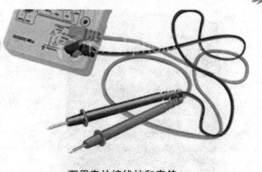

万用表的接线柱和表笔

与实际电源极性相反,此时红表笔接的是负极。

交流电压的测量:表笔插孔与直流电压的测量一样,不过应该将旋钮打到交流档"V～"处所需的量程即可。交流电压无正负之分,测量方法跟前面相同。无论测交流还是直流电压,都要注意人身安全,不要随便用手触摸表笔的金属部分。

测量电压

直流电流的测量:先将黑表笔插入"COM"孔。若测量大于200mA的电流,则要将红表笔插入"10A"插孔并将旋钮打到直流"10A"档;若测量小

万用表选择盘

于200mA的电流,则将红表笔插入"200mA"插孔,将旋钮打到直流200mA以内的合适量程。调整好后,就可以测量了。将万用表串进电路中,保持稳定,即可读数。若显示为"1.",那么就要加大量程;如果数值左边出现"–",表明电流从黑表笔流进万用表。

交流电流的测量:测量方法与前者相同,不过档位应该打到交流档

生命科学

万用表测电阻

位,电流测量完毕后应将红笔插回"VΩ"孔,若忘记这一步而直接测电压,哈哈!你的表或电源会在"一缕青烟中上云霄"——报废!

测量电阻

将表笔插进"COM"和"VΩ"孔中,把旋钮打旋到"Ω"中所需的量程,用表笔接在电阻两端金属部位,测量中可以用手接触电阻,但不要把手同时接触电阻两端,这样会影响测量精确度的——人体是电阻很大但是有限大的导体。读数时,要保持表笔和电阻有良好的接触。

测量二极管

数字万用表可以测量发光二极管,整流二极管等。测量时,表笔位置与电压测量一样,将旋钮旋到二极管标志档;用红表笔接二极管的正极,黑表笔接负极,这时会显示二极管的正向压降。调换表笔,显示屏显示"1."则为正常,因为二极管的反向电阻很大,否则此管已被击穿。

万用表测量二极管

生命科学

计 算 机

生命科学

计算机工作原理

理论解释

> 计算机工作原理

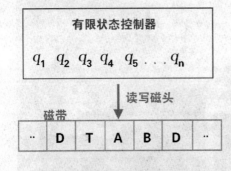

有限状态控制器

q_1 q_2 q_3 q_4 q_5 . . . q_n

读写磁头

磁带

| ·· | D | T | A | B | D | ·· |

图灵机示意图

计算机工作原理模型由英国数学家图灵提出的,后人称之为图灵机。图灵机就是计算机的工作原理模型。

其细节是复杂的,但是它背后的原则并不十分复杂。它的基本思想是把任意一台图灵机 T 的指令的表编码成在磁带上表示成 0 和 1 的串。然后这段磁带被当作某一台特殊的被称作普适图灵机 U 的输入的开始部分,接着这台机器正如 T 所要进行的那样,作用于输入的余下部分。普适图灵机是万有的模仿者。"磁带"的开始部分赋予该普适机器 U 需要用以准确模拟任何给定机器 T 的全部信息!

科学家介绍:人工智能之父

——阿兰·麦席森·图灵

图灵 1912 年生于英国伦敦英国数学家、逻辑学家,被称为人工智能之父。

图灵是计算机逻辑的奠基者,许多人工智能的重要方法也源自于这位伟大的科学家。

人工智能之父——图灵

他对计算机的重要贡献在于他提出的有限状态自动机也就是图灵机的概念,"图灵机"不是一种具体的机器,而是一种思想模型,可制造一种十分简单但运算能力极强的计算装置,用来计算所有能想象得到的可计算函数。

对于人工智能,它提出了重要的衡量标准"图灵测试",如果有机器能够通过图灵测试,那他就是一个完全意义上的智能机,和人没有区别了。他杰出的贡献使他成为计算机界的第一人,现在人们为了纪念这位伟大的科学家将计算机界的最高奖定名为"图灵奖"。

苹果电脑图标就是为了纪念图灵

1954年6月8日,图灵42岁,正逢进入他生命中最辉煌的创造顶峰。一天早晨,女管家走进他的卧室,发现台灯还亮着,床头上还有个苹果,只咬了一小半,图灵沉睡在床上,一切都和往常一样。但这一次,图灵是永远地睡着了,不会再醒来,经过解剖,法医断定是剧毒氰化物致死,那个苹果是在氰化物溶液中浸泡过的。

今天,苹果电脑公司以那个咬了一口的苹果作为其商标图案,就是为纪念这位伟大的人工智能领域的先驱者——图灵。

问题与探究

计算机如何进行工作的?

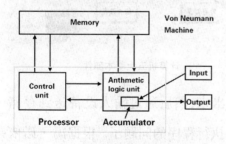

冯·诺依曼结构模型

计算机的工作过程就是执行程序的过程。怎样组织程序,涉及到计算机体系结构问题。现在的计算机都是基于"程序存储"概念设计制造出来的。

冯·诺依曼的"程序存储"设计思想

冯·诺依曼是美籍匈牙利数学

冯·诺依曼和他的 ENIAC

家,他在 1946 年提出了关于计算机组成和工作方式的基本设想。到现在为止,尽管计算机制造技术已经发生了极大的变化,但是就其体系结构而言,仍然是根据他的设计思想制造的,这样的计算机称为冯·诺依曼结构计算机。

冯·诺依曼设计思想可以简要地概括为以下三点:

①计算机应包括运算器、存储器、控制器、输入和输出设备五大基本部件。

②计算机内部应采用二进制来表示指令和数据。每条指令一般具有一个操作码和一个地址码。其中操作码表示运算性质,地址码指出操作数在存储器中的地址。

③将编好的程序送人内存储器中,然后启动计算机工作,计算机勿需操作人员干预,能自动逐条取出指令和执行指令。

计算机工作过程

了解了"程序存储",再去理解计算机工作过程变得十分容易。

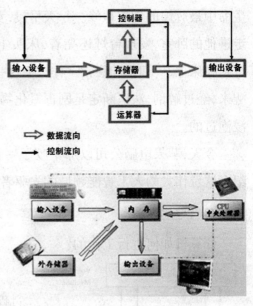

计算机五大基本部件

如果想叫计算机工作,就得先把程序编出来,然后通过输人设备送到存储器中保存起杂,即程序存储。接来就是执行程序的问题了。根据冯·诺依曼的设计,计算机应能自动执行程序,而执行程序文归结为逐条执行指令。

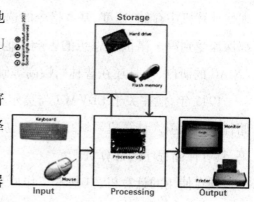

①取出指令:从存储器某个地址中取出要执行的指令送到 CPU 内部的指令寄存器暂存;

②分析指令:把保存在指令寄存器中的指令送到指令寄存器,译出该指令对应的微操作;

③执行指令:根据招令译码器向各个部件发出相应控制信号,完成指令规定的操作;

计算机工作过程示意图

④为执行下一条指令做好准备,即形成下一条指令地址。

科学家介绍:计算机之父

——冯·诺依曼

1903 年 12 月 28 日,在布达佩斯诞生了一位神童,这不仅给这个家庭带来了巨大的喜悦,也值得整个计算机界去纪念。正是他,开创了现代计算机理论,其体系结构沿用至今,而且他早在 40 年代就已预见到计算机建模和仿真技术对当代计算机将产生的意义深远的影响。他,就是约翰·冯·诺依曼。

计算机之父——冯·诺依曼

1944~l945 年间,冯·诺依曼形成了现今所用的将一组数学过程转变为计算机指令语言的基本方法,当时的电子计算机(如 ENIAC)缺少灵活性、普适性。冯·诺依曼关于机器中的固定的、普适线路系统,关于"流图"概念,关于"代码"概念为克服以上缺点作出了重大贡献。

计算机工程的发展也应大大归功于冯·诺依曼。计算机的逻辑图式,现代计算机中存储、速度、基本指令的选取以及线路之间相互作用的设计，都深深受到冯·诺依曼思想的影响。他不仅参与了电子管元件的计算机ENIAC的研制，并且还在普林斯顿高等研究院亲自督造了一台计算机。

1945年，他在关于EDVAC（与莫尔小组合作研制）的报告中首次把存储程序概念引入计算机领域，EDVAC也成为世界上首台能够运行、产生结果、具有存储程序的计算机。

现在使用的计算机，其基本工作原理是存储程序和程序控制，都是由冯·诺依曼提出的。冯·诺依曼被称为"计算机之父"。

科学家介绍：计算机先驱

——巴贝奇

1871年，年逾古稀的巴贝奇离开自己毕生为之努力奋斗却未竟的事业辞世，为后人留下了宝贵的遗产——几百张绘有几万个零件的图纸、30多种不同的计算机设计方案和一大堆工作笔记。作为计算机的发明人之一，谁也无法磨灭他的卓越贡献。

计算机先驱——巴贝奇

1812年，巴贝奇首先设计出了差分机，随后开始了制造工作。在1822年制成了机器的一小部分。开机计算后，其工作的准确性达到了计划的要求。后来政府明确表示不可能再给予他资助了，差分机就这样中途夭折了。今天，我们在伦敦皇家学院博物院里，还能见到巴贝奇的设计图纸和未完成的差分机。

巴贝奇和他的差分机

1834年，巴贝奇在研制差分机的工作

中,看到了制造一种新的、在性能上大大超过差分机的计算机的可能性。他把这个未来的机器称为分析机。巴贝奇的分析机由三部分构成。第一部分是保存数据的齿轮式寄存器,巴贝奇把它称为"堆栈",它与差分机中的相类似,但运算不在寄存器内进行,而是由新的机构来实现。第二部分是对数据进行各种运算的装置,巴贝奇把它命名为"工场"。第三部分是对操作顺序进行控制,并对所要处理的数据及输出结果加以选择的装置,它相当于现代计算机的控制器。为了加快运算的速度,巴贝奇设计了先进的进位机构。他估计使用分析机完成一次 50 位数的加减只要 1 秒钟,相乘则要 1

巴贝奇的差分机

分钟。计算时间约为第一台电子计算机的 100 倍。同时,在多年的研究制造实践中,巴贝奇写出了世界上第一部关于计算机程序的专著。

尽管成功总是从巴贝奇的身边擦肩而过,但在计算机的发展史上,巴贝奇写下了光辉的一页。他的设计思想为现代电子计算机的结构设计奠定了基础。众所周知,现代电子计

巴贝奇分析机部件

算机的中心结构部分恰好包括了巴贝奇提出的解析机的3个部分,可以这样说,巴贝奇的解析机是现代电子计算机的雏形。

问题与探究

谁把二进制引入计算机

18世纪德国数理哲学大师莱布尼兹从他的传教士朋友鲍威特寄给他的拉丁文译本《易经》中,读到了八卦的组成结构,惊奇地发现其基本素数(0)(1),即《易经》的阴爻和阳爻,其进位制就是二进制,并认为这是世界上数学进制中最先进的。

易经八卦隐藏着深奥的数学知识

莱布尼兹是这个作为现代计算机技术的基础的二进制的发明者。后来冯·诺依曼根据电子元件双稳工作的特点,建议在电子计算机中采用二进制。并预言二进制的采用将大简化机器的逻辑线路。实践证明了诺伊曼预言的正确性。

问题提出:计算机为什么要采用二进制?

莱布尼兹计算机复制品

1.技术实现简单,计算机是由逻辑电路组成,逻辑电路通常只有两个状态,开关的接通与断开,这两种状态正好可以用"1"和"0"表示。

2.简化运算规则:两个二进制数和、积运算组合各有三种,运算规则简单,有利于简化计算机内部结构,提高运算速度。

3.适合逻辑运算:逻辑代数是逻辑运算的理论依据,二进制只有两个数码,正好与逻辑代数中的"真"和"假"相吻合。

4.易于进行转换,二进制与十进制数易于互相转换。

5.用二进制表示数据具有抗干扰能力强,可靠性高等优点。因为每位数据只有高低两个状态,当受到一定程度的干扰时,仍能可靠地分辨出它是高还是低。

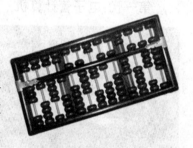

二进制的1和0正好对应电路的开和关

计算机发展史

问题与探究

早期计算机有哪些?

公元前5世纪,中国人发明了算盘,广泛应用于商业贸易中,算盘被认为是最早的计算机,并一直使用至今。算盘在某些方面的运算能力要超过目前的计算机,算盘的发明体现了中国人民的智慧。

算盘是世界上最原始的计算机,直到现在还在使用。

直到17世纪,计算设备才有了第二次重要的进步。1642年,法国人Blaise Pascal(1623~1662)发明了自动进位加法器,称为Pascalene。1694年,德国数学家Gottfried Wilhemvon Leibniz(1646~1716)改进了Pascaline,使之可以计算乘法。后来,法国人Charles Xavier Thomas de Colmar发明了可以进行四则运算的计算器。

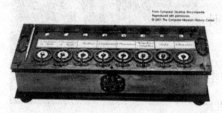

世界第一台自动进位加法器(1642年)

生命科学

现代计算机的真正起源来自英国数学教授 Charles Babbage。Charles Babbage 发现通常的计算设备中有许多错误,在剑桥学习时,他认为可以利用蒸汽机进行运算。起先他设计差分机中途夭折,后来,开始设计包含现代计算机基本组成部分的分析机。

1674 年发明的能进行四则运算的计算器

真正意义上的计算机是电子管计算机的发明,从此计算机进入了飞速发展时代,并影响着世界的每一个角落。

知识解说

第一代:电子管计算机

世界上第一台计算机 ENIAC

1946 年 2 月 15 日,标志现代计算机诞生的 ENIAC(Electronic Numerical Integrator and Computer)在费城公诸于世。ENIAC 代表了计算机发展史上的里程碑,它通过不同部分之间的重新接线编程,还拥有并行计算能力。ENIAC 由美国政府和宾夕法尼亚大学合作开发,使用了 18000 个电子管,70000 个电阻器,有 5 百万个焊接点,耗电 160 千瓦,其运算速度为每秒 5000 次。尽管 ENIAC 有许多不足之处,但它毕竟是计算机的始祖,揭开了计算机时代的序幕。

第一代计算机的内部元件使用的是电子管。由于一部计算机需要几千个电子管,每个电子管都会散发大量的热量,因

世界上第一台计算机 ENIAC 外观

此,如何散热是一个令人头痛的问题。电子管的寿命最长只有 3000 小时,计算机运行时常常发生由于电子管被烧坏而使计算机死机的现象。第一代计算机主要用于科学研究和工程计算。

第一代计算机的特点是操作指令是为特定任务而编制的,每种机器有各自不同的机器语言,功能受到限制,速度也慢。另一个明显特征是使用真空电子管和磁鼓储存数据。

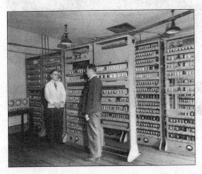

1949 年,第一台存储程序计算机 EDSAC 问世。

知识解说

第二代:晶体管计算机

1948 年,晶体管发明代替了体积庞大电子管,电子设备的体积不断减小。1956 年,晶体管在计算机中使用,晶体管和磁芯存储器导致了第二代计算机的产生。第二代计算机体积小、速度快、功耗低、性能更稳定。1960 年,出现了一些成功地用在商业领域、大学和政府部门的第二代计算机。第二代计算机用晶体管代替电子管,还有现代计算机的一些部件:打印机、磁带、磁盘、内存、操作系统等。计算机中存储的程序使得计算机有很好的适应性,可以更有效地用于商业用途。

在这一时期出现了更高级的 COBOL 和 FORTRAN 等语言,使计算机编程更容易。新的职业(程序员、分析员和计算机系统专家)和整个软件产业由此诞生。

第一台晶体管计算机

知识解说

第三代:集成电路计算机

1958 年德州仪器的工程师 Jack Kilby

生命科学

发明了集成电路（IC），将三种电子元件结合到一片小小的硅片上。更多的元件集成到单一的半导体芯片上，这个芯片比手指甲还小，却包含了几千个晶体管元件。1965年，集成电路被应用到计算机中来，因此这段时期被称为"中小规模集成电路计算机时代"。

集成电路的应用使计算机变得更小，功耗更低，速度更快。这一时期的发展还包括使用了操作系统，使得计算机在中心程序的控制协调下可以同时运行许多不同的程序。

第一台使用集成电路的计算机 – PDP – 8

IBM 的开发的 IBM 360 系列属于第三代

第三代计算机的特点是体积更小、价格更低、可靠性更高、计算速度更快。第三代计算机的代表是 IBM 公司花了 50 亿美元开发的 IBM 360 系列。

知识解说

第四代：大规模集成电路计算机

从 1971 年到现在，被称之为"大规模集成电路计算机时代"。

大规模集成电路（LSI）可以在一个芯片上容纳几百个元件。到了 80 年代，超大规模集成电路（VLSI）在芯片上容纳了几十万个元件，后来的（ULSI）将数字扩充到百万级。可以在硬币大小的芯片上容纳如此数量的

生命科学

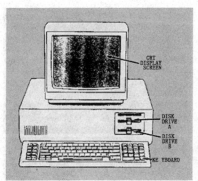

大规模集成电路计算机（第四代计算机）

元件使得计算机的体积和价格不断下降，而功能和可靠性不断增强。70 年代中期，计算机制造商开始将计算机带给普通消费者，这时的小型机带有友好界面的软件包，供非专业人员使用的程序和最受欢迎的字处理和电子表格程序。1981 年，IBM 推出个人计算机（PC）用于家庭、办公室和学校。80 年代个人计算机的竞争使得价格不断下跌，微机的拥有量不断增加，计算机继续缩小体积。与 IBM PC 竞争的 Apple Macintosh 系列于 1984 年推出，Macintosh 提供了友好的图形界面，用户可以用鼠标方便地操作。

CPU

问题与探究

下一代计算机会是什么？

量子计算机

计算机技术在 20 世纪后半叶的发展很快，但是硅芯片的制造工艺终将会达到其理论极限，因此科学家们在 1994 年就提出了制造量子计算机的设想。

经理论学家预测并已被最新

世界上第一台 PC 机

研究成果证实：量子计算机执行特定计算任务的能力要比传统计算机高出或指数幂的倍数。假如我们要在一个储存了全球电话号码的资料库中找

生命科学

到一个特定的号码,10台"深蓝"超级电脑要几个月,而一台量子计算机则只需二十几分钟。这是因为信息的基本单位是"比特",在我们日常使用的计算机里就是"0"或者"1"。而量子比特具有在同一时刻处于两个不同状态的特殊"才能",可以同时表达"0"和"1"。这种特殊的"才能"使量子计算机可以展开"并行运算",而普通计算机则只能进行"线性运算",如果把并行运算比作千军万马齐头并进,那么线性运算就好像千军万马排队过独木桥。因此量子计算机将有无穷计算潜力。

DNA计算机

科学家发现,脱氧核糖核酸(DNA)有一种特性,能够携带生物体各种细胞拥有的大量基因物质。数学家、生物学家、化学家以及计算机专家从中得到启迪,目前正合作研制未来DNA计算机。这种DNA计

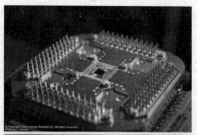

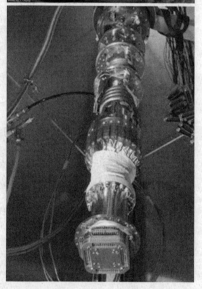

上图为世界首台量子计算机的承载16个量子位的硅芯片,下图为负责为量子计算机硅芯片制冷的超低温设备。

算机的工作原理是以瞬间发生的化学反应为基础,通过和酶的相互作用,将反应过程进行分子编码,对问题以新的DNA编码形式加以解答。

和普通的计算机相比,DNA计算机的优点是体积小,但存储的信息量却超过目前任何计算机。它用于存储信息的空间仅为普通计

正在研制的DNA计算机,与我们现在常见的计算机可不一样。

算机的几兆分之一。其信息可存储在数以兆计的 DNA 链中。DNA 计算机只需几天时间就能完成迄今为止所有计算机曾进行过的任何运算。另外，它所耗费的能量仅为普通计算机的十亿分之一。

DNA 计算机的功能之所以强大，就在于每个链本身就是一个微型处理器。科学家能够把 10 亿个链安排在 1000 克的水里，每个链都能各自独立进行计算。这意味着DNA计算机能同时

DNA 计算机概念图

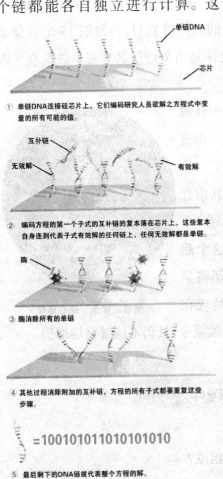

① 单链DNA连接硅芯片上，它们编码研究人员欲解之方程式中变量的所有可能的值。

② 编码方程的第一个子式的互补链的复本落在芯片上，这些复本自身连到代表子式有效解的任何链上，任何无效解都是单链。

③ 酶消除所有的单链

④ 其他过程消除附加的互补链，方程的所有子式都要重复这些步骤。

=10010101101010101010

⑤ 最后剩下的DNA链就代表整个方程的解。

DNA 计算机工作原理

"试用"巨大数量的可能的解决方案。而电子计算机对每个解决方案必须自始至终进行计算，直到试用下一个方案为止。所以，电子计算机和 DNA 计算机是截然不同的。电子计算机一小时能进行许多次运算，但是一次只能进行一次指令运算。DNA 计算机进行一次运算需要大约一小时，但是一次能进行 10 亿个指令计算。DNA 计算机把二进制数翻译成遗传密码的片段，每个片段就是著名双螺旋的一个链。科学家们希望能把一切可能模式的 DNA 分解出来，并把它放在试管里，制造互补数字链，为解决更复杂的运算提供依据。

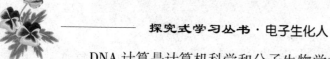

DNA 计算是计算机科学和分子生物学相结合而发展起来的新兴研究领域。

由于 DNA 分子具有强大的并行运算和超高的存储能力,DNA 计算将可能解决一些电子计算机难以完成的复杂问题,而且也可能在体内药物传输或遗传分析等领域发挥重要作用。虽然 DNA 计算未来潜力无穷,但是当前仍然有许多瓶颈技术和基础问题需要解决。

问题提出:什么是摩尔定律?

摩尔定律是指集成电路上可容纳的晶体管数目,约每隔 18 个月便会增加一倍,性能也将提升一倍。摩尔定律是由英特尔名誉董事长戈登·摩尔经过长期观察发现得之。

1965 年,戈登·摩尔准备一个关于计算机存储器发展趋势的报告。他整理了一份观察资料。在他开始绘制数据时,发现了一个惊人的趋势。每个新芯片大体上包含其前任两倍的容量,每个芯片的产生都是在前一个芯片产生后的 18 ~ 24 个月内。如果这个趋势继续的话,计算能力相对于时间周期将呈指数式的上升。摩尔的观察资料,就是现在

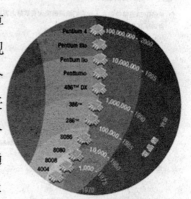

摩尔定律至今还在延续

所谓的摩尔定律,所阐述的趋势一直延续至今,且仍不同寻常地准确。

计算机硬件

问题提出:计算机主要由哪些硬件组成?

作为一台较完整的计算机,一般由以下几个部分构成:机箱,即主机箱,计算机的主要部件全在主机箱内,机箱内的部件有主板、硬盘、电源、光

驱等,主板是计算机的元器件集中所在,包括CPU、内存、显示卡、网卡等各种芯片;显示器,作为计算机的标准输出设备,主要用于监视计算机的执行过程;键盘,计算机的标准输入设备,主要负责向计算机发出指令,是用户与计算机进行沟通的主要桥梁,还有鼠标等。

问题与探究

主板有什么作用? 它上面有很多部件,各有什么作用?

电脑主机箱

总结主板,又叫主机板、系统板和母板,是各个部件要工作时所在的一个平台,把各部件集合在上面。它安装在机箱内,是微机最基本的也是最重要的部件之一。

主板一般为矩形电路板,上面安装了组成计算机的主要电路系统,一般有BIOS芯片、I/O控制芯片、键盘和面板控制开关接口、指示灯插接件、扩充插槽、

主板

主板及插卡的直流电源供电接插件等元件。

主板采用开放式结构,主板上大都有6-8个扩展插槽,供 PC 机外围设备的控制卡(适配器)插接。通过更换这些插卡,可以对微机的相应子系统进行局部升级,使厂家和用户在配置机型方面有更大的灵活性。总之,主板在整个

A = CPU   B = 北桥芯片   C = 南桥芯片

微机系统中扮演着举足轻重的角色。可以说,主板的类型和档次决定着整个微机系统的类型和档次,主板的性能影响着整个微机系统的性能。

主板上面的零件看起来眼花缭乱,可他们都是非常有条有理的排列着。主要包括一个 CPU 插座;北桥芯片、南桥芯片、BIOS 芯片等三大芯片;前端系统总线 FSB、内存总线、图形总线 AGP、数据交换总线 HUB、外设总线 PCI 等五大总线;软驱接口 FDD、通用串行设备接口 USB、集成驱动电子设备接口 IDE 等七大接口。

北桥芯片

在 CPU 插座的左方是一个内存控制芯片,也叫北桥芯片,一般上面有一铝质的散热片。北桥芯片的主要功能是数据传输与信号控制。它一方面通过前端总线与 CPU 交换信号,另一方面又要与内存、AGP、南桥交换信号。

北桥芯片坏了会有什么样的现象?能修好吗?

北桥芯片坏了以后的现象多为不亮,有时亮后也不断死机。北桥芯片坏了,如果主板又比较老的话,基本上就没有什么维修的价值了。

南桥芯片

南桥芯片主要负责外部设备的数据处理与传输。

南桥芯片坏了会有什么样的现象?能修好吗?

南桥芯片坏后的现象也多为不亮,某些外围设备不能用,南桥芯片比较贵,焊接又比较特殊,一般无法修复。

BIOS 芯片

BIOS 芯片是一个将硬件信息固化在内的一个只读存储器,是软件和硬件之间这重要接口。系统启动时首先从它这里调用一些硬件信息,它的性能直接影响着系统软件与硬件的兼容性。例如一些早期的主板不支持大于二十 G 的

BIOS 芯片

硬盘等问题,都可以通过升级 BIOS 来解决。我们日常便用时遇到的一些与新设备不兼容的问题也可以通过升级来解决。

如果你的主板突然不亮了,而 CPU 风扇仍在转动,那么你首先应该考虑 BIOS 芯片是否损坏。

超级输入输出接口芯片

超级输入输出接口芯片(I/O)一般位于主板的左下方或左上方,主要芯片有 Winbond 与 ITE,它负责把键盘、鼠标、串口进来的串行数据转化为并行数据。同时也对并口与软驱口的数据进行处理。

问题提出:主板上有哪些插槽?

主板上的 CPU 插槽是用来安装电脑的大脑部件 CPU 的;内存总线插槽用来插内存条,在中间有两个防反插断口;AGP 图形总线插槽,它位于 CPU 插座的左边,呈棕色;PCI 总线插槽,呈现为白色,在 AGP 插座的旁边,因主板不同,多少不等,多插网卡,声卡等其它一些外围设备。

CPU 插槽

问题与探究

CPU 在电脑中担当什么角色?

生命科学

CPU 是中央处理单元(Central Process Unit)的缩写,它可以被简称做微处理器。不过不要因为这些简称而忽视它的作用,CPU 是计算机的核心,其重要性好比人的大脑一样。它负责处理、运算计算机内部的所有数据。

内存插槽

CPU 是计算机中集成度最高、最贵重的

CPU

一块芯片。它是由几千~几千万个晶体管组成的超大规模的集成电路芯片。计算机所有数据的加工处理都是在 CPU 中完成的,CPU 还负责发出控制信号,使计算机的各个部件协调一致地工作。

CPU 主要由运算器、控制器、寄存器组和内部总线等构成,是计算机的核心。

问题提出:CPU 主频是指什么?

CPU 主频也叫时钟频率,单位是 MHz,用来表示 CPU 的运算速度,是衡量其性能的一个重要指标。

很多人认为主频就决定着 CPU 的运行速度,这不仅是个片面的,CPU 主频与 CPU 实际的运算能力是没有直接关系的,CPU 的运算速度还要看 CPU 的流水线的各方面的性能指标。当然,主频和实际的运算速度是有关的,只能说主频仅仅是 CPU 性能表现的一个方面,而不代表 CPU 的整体性能。

问题提出:CPU 的位是什么意思?

位:在数字电路和电脑技术中采用二

CPU 在主板上的位置(H)

进制,代码只有"0"和"1",其中无论是"0"或是"1"在 CPU 中都是一"位"。

字长:电脑技术中对 CPU 在单位时间内(同一时间)能一次处理的二进制数的位数叫字长。所以能处理字长为 8 位数据的 CPU 通常就叫 8 位的 CPU。同理 32 位的 CPU 就能在单位时间内处理字长为 32 位的二进制数据。

字节和字长的区别:由于常用的英文字符用 8 位二进制就可以表示,所以通常就将 8 位称为一个字节。字长的长度是不固定的,对于不同的 CPU、字长的长度也不一样。8 位的 CPU 一次只能处理一个字节,而 32 位的 CPU 一次就能处理 4 个字节,同理字长为 64 位的 CPU 一次可以处理 8 个字节。

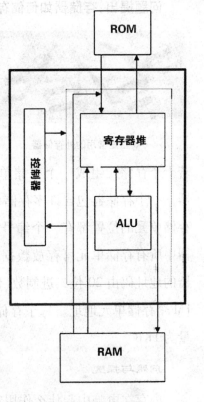

CPU 结构示意图

问题与探究

电脑存储器有哪些?

存储器是一种利用半导体技术做成的电子装置,用来储存数据。电子电路的数据是以二进位的方式储存,存储器的每一个储存单元称做记忆元或记忆胞。

计算机存储器分为内存,外存 内存包括 CPU 内部的缓存器,以及我们常说的内存,外存包括硬盘,U 盘等。

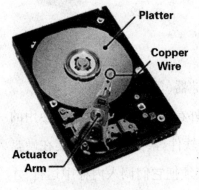

硬盘

问题提出：存储器如何储存数据？

U 盘是常用的外存储器

构成存储器的存储介质，目前主要采用半导体器件和磁性材料。存储器中最小的存储单位就是一个双稳态半导体电路或一个 CMOS 晶体管或磁性材料的存储元，它可存储一个二进制代码。由若干个存储元组成一个存储单元，然后再由许多存储单元组成一个存储器。一个存储器包含许多存储单元，每个存储单元可存放一个字节。每个存储单元的位置都有一个编号，即地址，一般用十六进制表示。一个存储器中所有存储单元可存放数据的总和称为它的存储容量。假设一个存储器的地址码由 20 位二进制数（即 5 位十六进制数）组成，则可表示 220，即 1M 个存储单元地址。每个存储单元存放一个字节，则该存储器的存储容量为 1KB。

问题与探究

内存在电脑中起什么作用？

在计算机的组成结构中，有一个很重要的部分，就是存储器。存储器是用来存储程序和数据的部件，对于计算机来说，有了存储器，才有记忆功能，才能保证正常工作。存储器的种类很多，按其用途可分为

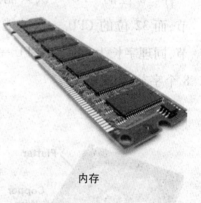

内存

主存储器和辅助存储器，主存储器又称内存储器（简称内存）。

内存是电脑中的主要部件，它是相对于外存而言的。我们平常使用的程序，如 Windows 操作系统、打字软件、游戏软件等，一般都是安装在硬盘等外存上的，但仅此是不能使用其功能的，必须把它们调入内存中运行，才能真正使用其功能，我们平时输入一段文字，或玩一个游戏，其实都是在内

存中进行的。通常我们把要永久保存的、大量的数据存储在外存上,而把一些临时的或少量的数据和程序放在内存上,当然内存的好坏会直接影响电脑的运行速度。

当我们在使用 WPS 处理文稿时,当你在键盘上敲入字符时,它就被存入内存中,当你选择存盘时,内存中的数据才会被存入硬(磁)盘。

内存只用于暂时存放程序和数据,一旦关闭电源或发生断电,其中的程序和数据就会丢失。

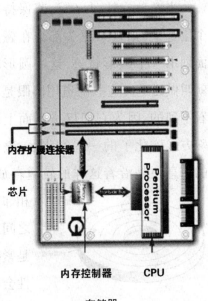

内存扩展连接器

芯片

内存控制器　　CPU

存储器

问题与探究

硬盘在电脑中起什么作用?

硬盘是电脑主要的存储媒介之一,由一个或者多个铝制或者玻璃制的碟片组成。这些碟片外覆盖有铁磁性材料。绝大多数硬盘都是固定硬盘,被永久性地密封固定在硬盘驱动器中。

硬盘的作用是存储操作系统、程序以及数据,通俗地说也就是用来储存我们平时安装的软件、电影、游戏、音乐等的一个数据容器。

问题提出:硬盘里是什么样的?

1. 磁头

磁头是硬盘中最昂贵的部件,也是硬盘技术中最重要和最关键的一环。对硬盘进行读取和写入操作。

2. 磁道

永磁铁　音圈马达　主轴(马达电机与轴承在其下方)　空气过滤片

磁头臂　　磁头　　磁盘

硬盘内部结构

生命科学

当磁盘旋转时,磁头若保持在一个位置上,则每个磁头都会在磁盘表面划出一个圆形轨迹,这些圆形轨迹就叫做磁道。这些磁道用肉眼是根本看不到的,因为它们仅是盘面上以特殊方式磁化了的一些磁化区,磁盘上的信息便是沿着这样的轨道存放的。

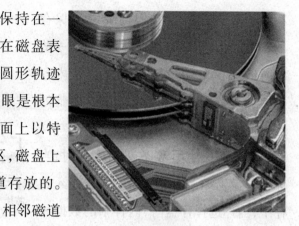

硬盘的磁头

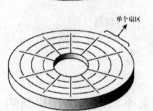

磁盘上的磁道和扇区示意图

相邻磁道之间并不是紧挨着的,这是因为磁化单元相隔太近时磁性会相互产生影响,同时也为磁头的读写带来困难。硬盘上的磁道通常一面有成千上万个磁道。

3. 扇区

磁盘上的每个磁道被等分为若干个弧段,这些弧段便是磁盘的扇区,每个扇区可以存放512个字节的信息,磁盘驱动器在向磁盘读取和写入数据时,要以扇区为单位。

4. 柱面

硬盘通常由重叠的一组盘片构成,每个盘面都被划分为数目相等的磁道,并从外缘的"0"开始编号,具有相同编号的磁道形成一个圆柱,称之为磁盘的柱面。磁盘的柱面数与一个盘面上的磁道数是相等的。由于每个盘面都有自己的磁头,因

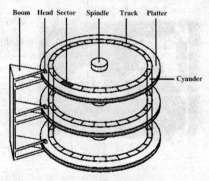

硬盘柱面示意图

此,盘面数等于总的磁头数。所谓硬盘的 CHS,即 Cylinder(柱面)、Head(磁头)、Sector(扇区),只要知道了硬盘的 CHS 的数目,即可确定硬盘的容量,硬盘的容量 = 柱面数 * 磁头数 * 扇区数 * 512B。

知识讲解

认识鼠标

"鼠标"因形似老鼠而得名"鼠标"。"鼠标"的标准称呼应该是"鼠标器",全称:橡胶球传动之光栅轮带发光二极管及光敏三极管之晶元脉冲信号转换器。它从出现到现在已经有 40 年的历史了。鼠标的使用是为了使计算机的操作更加简便,来代替键盘那繁琐的指令。

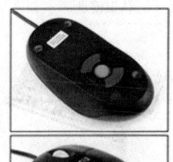

滚球鼠标

问题提出:鼠标是如何工作的?

鼠标按其工作原理的不同可以分为机械鼠标和光电鼠标。机械鼠标主要由滚球、辊柱和光栅信号传感器组成。当你拖动鼠标时,带动滚球转动,滚球又带动辊柱转动,装在辊柱端部的光栅信号传感器产生的光电脉冲信号反映出鼠标器在垂直和水平方向的位移变化,再通过电脑程序的处理和转换来控制屏幕上光标箭头的移动。光电鼠标器是通过检测鼠标器的

光电鼠标

位移,将位移信号转换为电脉冲信号,再通过程序的处理和转换来控制屏幕上的鼠标箭头的移动。光电鼠标用光电传感器代替了滚球,这类传感器需要特制的、带有条纹或点状图案的垫板配合使用。

我们现在常用的光电鼠标是 1999 年问世的。

知识讲解

> 认识键盘

83 键键盘

键盘是最常用也是最主要的输入设备,通过键盘,可以将英文字母、数字、标点符号等输入到计算机中,从而向计算机发出命令、输入数据等。

以前的键盘主要以 83 键

104 键键盘

为主,并且延续了相当长的一段时间,但随着视窗系统的流行而遭淘汰,取而代之的是 101 键和 104 键键盘,近来出现了新兴多媒体键盘,它在传统的键盘基础上又增加了不少常用快捷键或音量调节装置,使 PC 操作进一步简化,对于收发电子邮件、打开浏览器软件、启动多媒体播放器等都只需要按一个特殊按键即可,同时在外形上也做了重大改善,着重体现了键盘的个性化。

问题提出:键盘上 26 字母为什么是无规则排列的?

在 19 世纪 70 年代,肖尔斯公司是当时最大的专门生产打字机的厂家。由于当时机械工艺不够完善,使得字键在击打之后的弹回速度较慢,一旦打字员击键速度太快,就容易发生两个字键绞在一起的现象,必须用手很

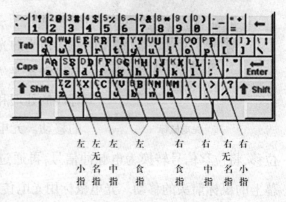

键盘指法

小心地把它们分开,从而严重影响了打字速度。为此,公司时常收到客户的投诉。

为了解决这个问题,设计师和工程师伤透了脑筋。后来,有一位聪明的工程师提议:打字机绞键的原因,一方面是字键弹回速度慢,另一方面也是打字员速度太快了。既然我们无法提高弹回速度,为什么不想办法降低打字速度呢?

个性化键盘

这无疑是一条新思路。降低打字员的速度有许多方法,最简单的方法就是打乱 26 个字母的排列顺序,把较常用的字母摆在笨拙的手指下,比如,字母"O"、"S"、"A"是使用频率很高的,却放在最笨拙的右手无名指、左手无名指和左手小指来击打。使用频率较低的"V"、"J"、"U"等字母却由最灵活的食指负责。

结果,这种"QWERTY"式组合的键盘诞生了,并且逐渐定型。后来,由于材料工艺的发展,字键弹回速度远大于打字员击键速度,但键盘字母顺序却无法改动。至今出现过许多种更合理的字母顺序设计方案,但都无法推广,可知社会的习惯势力是多么强大。

CRT 显示器

知识讲解

显示器

显示器称为电脑的"脸",我们整天跟电脑打交道,其实就是与电脑的显示器交流,不会对着电脑的主机交流,所以配置电脑一定要选一个好的

生命科学

显示器,看电影时画面稳定,玩游戏时现场逼真,那种感觉一定特棒!

显示器应用非常广泛,大到卫星监测、小至看 VCD,可以说在现代社会里,它的身影无处不在,其结构一般为圆型底座加机身,随着彩显技术的不断发展,现在出现了一些其他形状的显示器,但应用不多。

液晶显示器

问题与探究

什么是调制解调器?

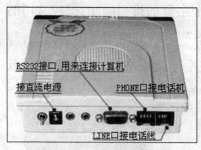

RS232接口,用来连接计算机
接直流电源   PHONE口接电话机
LINE口接电话线

调制解调器

Modem,其实是 Modulator(调制器)与 Demodulator(解调器)的简称,中文称为调制解调器。根据 Modem 的谐音,亲昵地称之为"猫"。它是在发送端通过调制将数字信号转换为模拟信号,而在接收端通过解调再将模拟信号转换为数字信号的一种装置。

计算机内的信息是由"0"和"1"组成数字信号,而在电话线上传递的却只能是模拟电信号。于是,当两台计算机要通过电话线进行数据传输时,就需要一个设备负责数模的转换。这个数模转换器就是 Modem。计算机在发送数据时,先由 Modem 把数字信号转换为相应的模拟信号,这个过程称为"调制"。经过调制的信号通过电话载波传送到另一台计算机之前,也要经由接收方的 Modem 负责把模拟信号还原为计算机能识别的数字信号,这个过程称为"解调"。正是通过这

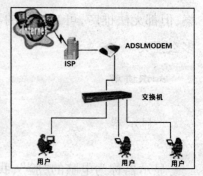

Internet
ISP
ADSLMODEM
交换机
用户   用户   用户

调制解调器工作原理

样一个"调制"与"解调"的数模转换过程,从而实现了两台计算机之间的远程通讯。

计算机软件

问题与探究

什么是计算机软件?

计算机软件,简称软件,是指计算机系统中的程序及其文档。程序是计算任务的处理对象和处理规则的描述;文档是为了便于了解程序所需的阐明性资料。程序必须装入机器内部才能工作,文档一般是给人看的,不一定装入机器。

操作系统软件——windows

软件是用户与硬件之间的接口界面。用户主要是通过软件与计算机进行交流。软件是计算机系统设计的重要依据。为了方便用户,为了使计算机系统具有较高的总体效用,在设计计算机系统时,必须通盘考虑软件与硬件的结合,以及用户的要求和软件的要求。

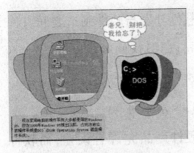

现在很少有人使用 DOS 操作系统了

系统软件为计算机使用提供最基本的功能,但是并不针对某一特定应用领域。系统软件是负责管理计算机系统中各种独立的硬件,使得它们可以协调工作。系统软件使得计算机使用者和其他软件将计算机当作一个整体而不需要顾及到底层每个

应用软件——flash

硬件是如何工作的。

应用软件是为了某种特定的用途而被开发的软件。它可以是一个特定的程序,比如一个图像浏览器。也可以是一组功能联系紧密,可以互相协作的程序的集合,比如微软的 Office 软件。也可以是一个由众多独立程序组成的庞大的软件系统,比如数据库管理系统。

问题提出:软件和硬件有什么区别?

1. 表现形式不同

硬件有形,有色,有味,看得见,摸得着,闻得到。而软件无形,无色,无味,看不见,摸不着,闻不到。软件大多存在人们的脑袋里或纸面上,它的正确与否,是好是坏,一直要到程序在机器上运行才能知道。这就给设计、生产和管理带来许多困难。

2. 生产方式不同

软件是开发,是人的智力的高度

各种计算机软件

发挥,不是传统意义上的硬件制造。尽管软件开发与硬件制造之间有许多共同点,但这两种活动是根本不同的。

3. 要求不同

硬件产品允许有误差,而软件产品却不允许有误差。

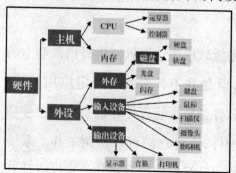

计算机硬件系统

4. 维护不同

硬件是要用旧用坏的,在理论上,软件是不会用旧用坏的,但在实际上,软件也会变旧变坏。因为在软件的整个生存期中,一直处于改变(维护)状态。

问题与探究

什么是计算机语言?

计算机语言指用于人与计算机之间通讯的语言,计算机语言是人与计算机之间传递信息的媒介。

计算机程序设计语言的发展,经历了从机器语言、汇编语言到高级语言的历程。

计算机语言是人机之间的通讯语言

机器语言

机器语言是指一台计算机全部的指令集合,是第一代计算机语言。

电子计算机所使用的是由"0"和"1"组成的二进制数,二进制是计算机的语言的基础。计算机发明之初,人们只能降贵纡尊,用计算机的语言去命令计算机干这干那,一句话,就是写出一串串由"0"和"1"组成的指令序列交由计算机执行,这种计算机能够认识的语言,就是机器语言。使用机器语言是十分痛苦的,特别是在程序有

机器语言就是由一连串 0 和 1 组成的指令。

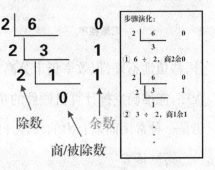

十进制与二进制换算

错需要修改时,更是如此。

因此程序就是一个个的二进制文件。一条机器语言成为一条指令。指令是不可分割的最小功能单元。而且,由于每台计算机的指令系统往往各不相同,所以,在一台计算机上执行的程序,要想在另一台计算机上执行,必须另编程序,造成了重复工作。但由于使用的是针对特定型号计算机的语言,故而运算效率是所有语言中最高的。

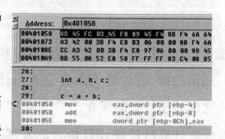

汇编语言

汇编语言

为了减轻使用机器语言编程的痛苦,人们进行了一种有益的改进:用一些简洁的英文字母、符号串来替代一个特定的指令的二进制串,比如,用"ADD"代表加法,"MOV"代表数据传递等等,这样一来,人们很容易读懂并理解程序在干什么,纠错及维护都变得方便了,这种程序设计语言就称为汇编语言,即第二代计算机语言。然而计算机是不认识这些符号的,这就需要一个专门的程序,专门负责将这些符号翻译成二进制数的机器语言,这种翻译程序被称为汇编程序。

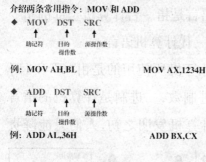

汇编程序

汇编语言同样十分依赖于机器硬件,移植性不好,但效率仍十分高,针对计算机特定硬件而编制的汇编语言程序,能准确发挥计算机硬件的功能和特长,程序精炼而质量高,所以至今仍是一种常用而强有力的软件开发工具。

高级语言

不论是机器语言还是汇编语言都是面向硬件的具体操作的,语言对机器的过分依赖,要求使用者必须对硬件结构及其工作原理都十分熟悉,这对非计算机专业人员是难以做到的,对于计算机的推广应用是不利的。计算机事业的发展,促使人们去寻求一些与人类自然语言相接近且能为计算机所接受的语意确定、规则明确、自然直观和通用易学的计算机语言。这种与自然语言相近并为计算机所接受和执行的计算机语言称高级语言。高级语言是面向用户的语言。无论何种机型的计算机,只要配备上相应的高级语言的编译或解释程序,则用该高级语言编写的程序就可以通用。

高级语言 FORTRAN

1954 年,第一个完全脱离机器硬件的高级语言——FORTRAN 问世,40 多年来,共有几百种高级语言出现,有重要意义的有几十种,影响较大、使用较普遍的有 FORTRAN、ALGOL、COBOL、BAS-IC、LISP、SNOBOL、PL/1、Pascal、C、PRO-LOG、Ada、C + +、VC、VB、Delphi、JAVA 等。

特别要提到的:在 C 语言诞生以前,系统软件主要是用汇编语言编写的。由

高级语言 JAVA

生命科学

于汇编语言程序依赖于计算机硬件,其可读性和可移植性都很差;但一般的高级语言又难以实现对计算机硬件的直接操作(这正是汇编语言的优势),于是人们盼望有一种兼有汇编语言和高级语言特性的新语言——C 语言。

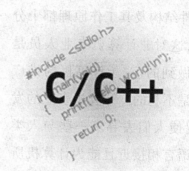

兼有汇编语言和高级语言特性的新语言——C 语言。

问题与探究

什么是文件?

文件是一个具有符号的一组相关联元素的有序序列,系统和用户都可以将具有一定独立功能的程序模块、一组数据或一组文字命名为一个文件。文件可以包含范围非常广泛的内容,文件可以是文本文档、图片、程序等等。

电脑文件列表

文件有很多种,运行的方式也各有不同。一般来说我们可以通过文件名来识别这个文件是哪种类型,特定的文件都会有特定的图标(就是显示这个文件的样子),也只有安装了相应的软件,才能正确显示这个文件的图标。

问题提出:文件名后面的扩展名什么意思?

文件名一般会分为两个部分,比如文件名是"aaaa. mpp",前面的是真

带各种扩展名的文件

正的文件名"aaaa",后面是扩展名(或是叫做后缀名)".mpp"。

.exe:执行文件,这类的文件通常就是某个软件的主文件,我们都可以通过鼠标双击来直接运行。

.mp3:时下很流行的音乐文件格式,可使用 winamp 等相应的播放软件来打开。

.avi,.asf,.wmv,.mpg,.mpeg:视频文件,或是电影或是电视,或是 MTV 等等,一段或有音乐或无音乐的画面。可使用 windows 自带的媒体播放器来打开。当操作系统为 win2000 或以上版本时,系统本身即支持该类格式。可以直接双击打开。

.ra,.rm,.ram:视频文件。和上面的视频文件类似。只是文件容量更小,但效果不是很

Mp3 播放器(千千静听)
http://big5.pconline.com.cn/b5/

好,只能说勉强可以接受(现在的人要求太高了,以前有 rm 格式的电影看已经很开心了)。需使用 realplayer 软件来打开。

.txt:文本文件,系统自带的记事本工具所产生的文件,用来记录一些文字,该文件中只能记录文字而不能放进图片等其他内容。这种文件可以直接双击打开。

压缩文件
win‐themes.blogspot.com/2008_01_08_archive.html

.doc:微软公司 OFFICE 软件中 word 工具所产生的文件,通常用于办公,其中可包含有文字、图片、表格等。需要使用 OFFICE 办公套件中的 word 来打开。

.zip,.rar,.gz,.tar:压缩文件,由压缩软件产生。常用的压缩软件包括:winzip、winrar、winace 等。其中 winrar 使用得较多,因为它支

持的格式比较多,这四种格式都支持。

.jpg,.bmp,.tga,.psd,.tif,.pic:图片文件,由图形制作软件或数码设备生成。目前常用的制作软件有 photo-shop,painter 等等,很多。常用来观看这类图片文件的是 ACDsee 软件,支持的格式很多。

图片查看器

www.52aya.com/downinfo/309.html

.htm,.html:网页文件,比如现在您在看的这个页面就是这样的一个文件。windows 操作系统中只要有 IE 浏览器就可以直接双击打开。

问题与探究

什么是数据库?

数据库是"按照数据结构来组织、存储和管理数据的仓库"。

在经济管理的日常工作中,常常需要把某些相关的数据放进这样"仓库",并根据管理的需要进行相应的处

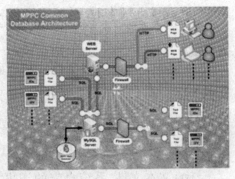

一般数据库的结构

理。例如,企业或事业单位的人事部门常常要把本单位职工的基本情况(职工号、姓名、年龄、性别、籍贯、工资、简历等)存放在表中,这张表就可以看成是一个数据库。有了这个"数据仓库"我们就可以根据需要随时查询某职工的基本情况,也可以查询工资在某个范围内的职工人数等等。这些工作如果都能在计算机上自动进行,那我们的人事管理就可以达到极高的水平。

按某个要求查询数据

www.athleticrecruiters.com/cc-benefits.aspx

生命科学

问题提出：数据结构是指什么？

所谓数据结构是指数据的组织形式或数据之间的联系。如果用 D 表示数据，用 R 表示数据对象之间存在的关系集合，则将 $DS = (D, R)$ 称为数据结构。例如，设有一个电话号码簿，它记录了 n 个人的名字和相应的电话号码。为了方便地查找某人的电话号码，将人名和号码按字典顺序排列，并在名字的后面跟

Google 的查询结果

随着对应的电话号码。这样，若要查找某人的电话号码（假定他的名字的第一个字母是 Y），那么只须查找以 Y 开头的那些名字就可以了。该例中，数据的集合 D 就是人名和电话号码，它们之间的联系 R 就是按字典顺序的排列，其相应的数据结构就是 $DS = (D, R)$，即一个数组。

```
1014    wxString title(wxT("CodeLite
1015    title << _U(SvnRevision);
1016    SetTitle(title);
1017    event.Skip();
1018  }
1019
1020  void Frame::OnPageChanged(wxFlatN
1021    // pass the event to the edit
1022    wxString title(wxT("CodeLite
1023    title << _U(SvnRevision);
1024
1025    LEditor *editor = dynamic_cas
1026    if ( !editor ) {
1027        SetTitle(title);
1028        return;
1029    }
1030
1031    //update the symbol view as w
1032    if (!editor->GetProject().IsE
1033        GetWorkspacePane()->Displ
1034        GetWorkspacePane()->GetFi
1035    }
1036
1037    title << wxT(" - ") << editor
1038    SetTitle(title);
1039
```

计算机程序

www.zhuceji.org/html/softnews/20080407/3679.html

数据结构又分为数据的逻辑结构和数据的物理结构。数据的逻辑结构是从逻辑的角度（即数据间的联系和组织方式）来观察数据，分析数据，与数据的存储位置无关。数据的物理结构是指数据在计算机中存放的结构，即数据的逻辑结构在计算机中的实现形式，所以物理结构也被称为存储结构。

问题与探究

什么是计算机程序？

计算机程序通常简称程序，是指一组指示计算机每一步动作的指令，通常用某种程序设计语言编写，运行于某种目标体系结构上。打个比方，

生命科学

程序编写不是一步完成的

一个程序就像一个用汉语(程序设计语言)写下的红烧肉菜谱(程序),用于指导懂汉语的人(体系结构)来做这个菜。通常,计算机程序要经过编译和链接而成为一种人们不易理解而计算机理解的格式,然后运行。未经编译就可运行的程序通常称之为脚本程序。

问题提出:程序是一次性完成的?

编写程序是以下步骤的一个往复过程:编写新的源代码,测试、分析和提高新编写的代码以找出语法和语义错误。从事这种工作的人叫做程序设计员。由于计算机的飞速发展,编程的要求和种类也日趋多样,由此产生了不同种类的程序设计员,每一种都有更细致的分工和任务。软件工程师和系统分析员就是两个例子。现在,编程的长时间过程被称之为"软件开发"或者软件工程。后者也由于这一学科的日益成熟而逐渐流行。

问题与探究

什么是计算机病毒?

病毒是指编制或者在计算机程序中插入的破坏计算机功能或者破坏数据,影响计算机使用并且能够自我复制的一组计算机指令或者程序代码。

问题提出:病毒如何产生的?

病毒不是来源于突发或偶然的原因,一次突发的停电和偶然的错误,会

现在一提到计算机病毒就头疼,几乎所有的电脑都不同程度受过病毒之害。

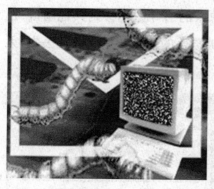

计算机病毒——蠕虫病毒

在计算机的磁盘和内存中产生一些乱码和随机指令,但这些代码是无序和混乱的,病毒则是一种比较完美的,精巧严谨的代码,按照严格的秩序组织起来,与所在的系统网络环境相适应和配合起来,病毒不会通过偶然形成,并且需要有一定的长度,这个基本的长度从概率上来讲是不可能通过随机代码产生的。现在流行的病毒是由人为故意编写的,多数病毒可以找到作者和产地信息,从大量的统计分析来看,病毒作者主要情况和目的是:一些天才的程序员为了表现自己和证明自己的能力,处于对上司的不满,为了好奇,为了报复,为了祝贺和求爱,为了得到控制口令,为了软件拿不到报酬预留的陷阱等。当然也有因政治、军事、宗教、民族、专利等方面的需求而专门编写的,其中也包括一些病毒研究机构和黑客的测试病毒。

计算机病毒——木马病毒

问题提出:病毒有什么危害?

1. 病毒激发对计算机数据信息的直接破坏作用

大部分病毒在激发的时候直接破坏计算机的重要信息数据,所利用的手段有格式化磁盘、改写文件分配表和目录区、删除重要文件或者用无意义的"垃圾"数据改写文件等。改写硬盘数据。

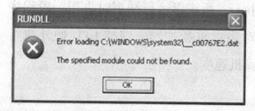

RUNDLL

Error loading C:\WINDOWS\system32__c00767E2.dat

The specified module could not be found.

OK

电脑病毒——灰鸽子病毒

2. 占用磁盘空间和对信息的破坏

引导型病毒的一般侵占方式

是由病毒本身占据磁盘引导扇区,而把原来的引导区转移到其他扇区,也就是引导型病毒要覆盖一个磁盘扇区。被覆盖的扇区数据永久性丢失,无法恢复。

文件型病毒会把病毒的传染部分写到磁盘的未用部位去,在传染过程中一般不破坏磁盘上的原有数据,但非法侵占了磁盘空间。一些文件型病毒传染速度很快,在短时间内感染大量文件,每个文件都不同程度地加长了,就造成磁盘空间的严重浪费。

卡巴斯基查出病毒

3. 抢占系统资源

大多数病毒在动态下都是常驻内存的,抢占一部分系统资源。病毒抢占内存,导致内存减少,一部分软件不能运行。

4. 影响计算机运行速度

我们该如何来应对计算机病毒

http://kongjian.baidu.com/ppaaaqq

有些病毒为了保护自己,不但对磁盘上的静态病毒加密,而且进驻内存后的动态病毒也处在加密状态,CPU 每次寻址到病毒处时要运行一段解密程序把加密的病毒解密成合法的 CPU 指令再执行;而病毒运行结束时再用一段程序对病毒重新加密。这样 CPU 额外执行数千条以至上万条指令,影响了计算机速度。

生命科学

电子科技与人

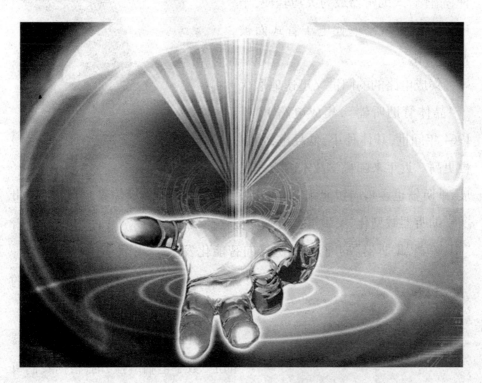

www.nipic.com/show/2/55/7e9e413503ac33c1.html

无声世界变有生——助听器

问题与探究

助听器如何帮助听觉障碍人员改善听力的？

问题提出：什么是助听器？

一切有助于听力残疾者改善听觉障碍，进而提高与他人会话交际能力的工具、设备、装置和仪器等。

助听器有电子管式和晶体管式两种，晶体管式助听器最为灵巧轻便，于1950年问世后已取代电子管式而被普遍采用。

集成电路的的问世又迅速地取代了"晶体管助听器"，集成电路IC于1964年问世，其体种小，低耗电，稳定性更高。近年来随科学技术的飞速发

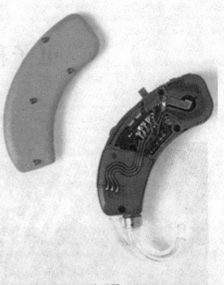

助听器

展，助听器也逐步向智能化、体内化发展：1982年"驻极体麦克风"的问世实现助听器微型化，灵敏度及清晰度更是达到了新的水平；而1990年随着"电脑编程助听器"的问世，助听器向智能化发展，又让助听器达到了另一新水平。1997年，"数字助听器"的问世，其性能达到了更高的水平。

现在我们所用的大部分助听器都是"数字电脑编程"的，根据我们每个人听力损失的程度不同来调整，助听效果又提高了一个层次，让患者听得更好！

问题提出：助听器的工作原理是什么？

晶体管助听器

所有助听器不外由传声器（话

生命科学

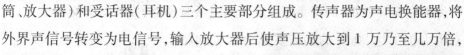

筒、放大器)和受话器(耳机)三个主要部分组成。传声器为声电换能器,将外界声信号转变为电信号,输入放大器后使声压放大到 1 万乃至几万倍,再经受话器输出这个放大后的声信号。

耳聋患者绝大多数是感音神经聋,他们对小声听取感到困难,但稍响的声音又难以忍受,响度感觉的动态范围明显缩小。由于电子学上特殊线路实现音量大小的调节,以使这类聋人较满意地应用助听器克服听觉障碍。

问题提出:仿生耳与助听器有什么区别?

日前世界首例为失聪患者植入"仿生耳"的手术,是计算机创造的又一奇迹。这个仿生耳包括一个芯片和解码

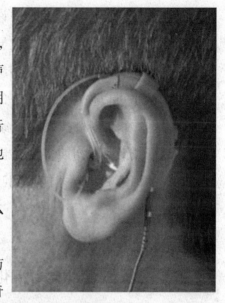

数字助听器

器、接收线圈,看上去象个蜗牛壳,能将声波转换成电脉冲发向大脑,通过耳后的助听器翻译出来。以前复聪手术都是单耳植入,而双耳植入能使患者听力恢复到接近正常。

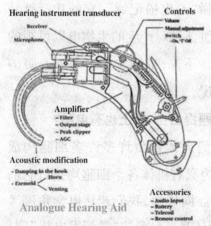

助听器结构

问题提出:助听器对于儿童因听力损伤致语言障碍有效果吗?

应尽早发现耳聋,在 2 岁前确定儿童的听损水平,最好在半岁前坚持使用助听器放大设备,立即开始长期的声音刺激,进行不懈地听觉训练和语言训练,促使大脑听觉中枢和语言中枢得到充分发育。一般说,经过几年,乃至十几年的训练,对

生命科学

听力损失 60 ~ 70dB 的聋童可以完全通过听觉通路,发展口语交往能力;而对听力损失达 90dB 的则需要结合视觉和触觉通路建立讲话能力。他们之中许多人能读普通中学、大学课程,有的能以优异成绩获得学位。各式助听器或听觉语言训练器使用及时、得当,几乎可以使半数或 2/3 的聋童摆脱聋哑状态,这在许多科技发达国家已成为现实。老人配戴助听器初期多数效果不满意,需要有专门的训练和指导才能达到听觉康复的目的。

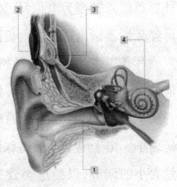

仿生耳

生物电可视化——心电描记器

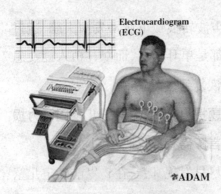

Electrocardiogram (ECG)

☆ADAM

心电描记器与心电图

当你到医院检查身体健康状况时,经常会做一种叫"心电图"的检查,这种设备叫做"心电描记器",它的功能就是将你心脏活动时产生的生物电以可视的波形记录下来,根据波形来判断心脏的健康状况。

问题提出:人身上也有电吗?

我们人体是由许多许多细胞构成的。细胞是我们机体的最基本的单位,因为只有机体各个细胞均执行它们的功能,才使得人体的生命现象延续不断。同样地,我们若从电学角度考虑,细胞也是一个生物电的基本单位,它们还是一台台的"微型发电机"呢。原来,一个活细胞,不论是兴奋状态,还是安静状态,它们都不断地发生电

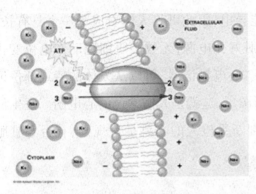

细胞就象一个微型发电机，膜上一种特殊蛋白质消耗能量从膜外向内运输 2 个 K^+，同时向膜外运输 3 个 Na^+，从而使膜外带正电荷，膜内带负电荷，这就是静息电位。

经元）、肌肉细胞更为明显。细胞的这种反应，科学家们称"兴奋性"。一旦细胞受到刺激发生兴奋时，细胞膜在原来静息电位的基础上便发生一次迅速而短暂的电位波动，这种电位波动可以向它周围扩散开来，这样便形成了"动作电位"。

既然细胞中存在着上述电位的变

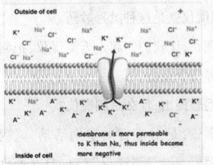

神经细胞动作电位形成示意图

荷的变化，科学家们将这种现象称为"生物电现象"。细胞处于未受刺激时所具有的电势称为"静息电位"；细胞受到刺激时所产生的电势称为"动作电位"。

由于生命活动，人体中所有的细胞都会受到内外环境的刺激，它们也就会对刺激作出反应，这在神经细胞（又叫神

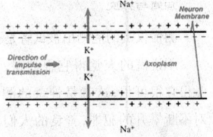

当细胞受到刺激后，膜内 K^+ 迅速外流，使膜内正电荷，膜外带负电荷，形成动作电位。

化，医生们便可用极精密的仪器将它测量出来。此外，还由于在病理的情况下所产生的电变化与正常时不同，因此医生们可从中看出由细胞构成的器官是否存在着某种疾病。

问题提出：心电描记器为什么能检查心脏健康状况？

心脏周围的组织和体液都能导电，因此可将人体看成为一个具有长、宽、厚三度空间的容积导体。心脏好比电源，无数心肌细胞动作电位变化的总和可以传导并反映到体表。"心电描记器"可以从人体的特定部位记录下心肌电位改变所产生的波形图象，这就是人们常说的心电图。医生们只要对心电图进行分析便可以判断受检人的心跳是否规则、有否心脏肥大、有否心肌梗塞等疾病。

生命科学

窥视内心世界——测慌仪

问题与探究

测慌仪真的能测出被试者是否说谎？

不说谎的人觉得它很神秘，说谎的人觉得它很可怕，这就是神奇的测谎仪。面对不断攀升的犯罪，善良的人们总是期望借助科学的灵丹妙药，将所有犯罪分子手到擒来。

测谎仪为什么能知道人是否说谎？

测谎技术的推广者们正在说服人们相信，测谎仪就是这种灵丹妙药。

现在，让我们一起走近测谎仪，把测谎世界探个究竟。

问题提出：什么是测慌仪？

测谎，是对谎言的鉴别活动。"测谎"一词，是由"测谎仪"（Lie Detector）而来；"测谎仪"的原文是 Polygraph，直

测慌仪工作原理

译为"多项记录仪",是一种记录多项生理反应的仪器,可以在犯罪调查中用来协助侦讯,以了解受询问的嫌疑人的心理状况,从而判断其是否涉及刑案。由于真正的犯罪嫌疑人此时大都会否认涉案而说谎,故俗称为"测谎"。准确地讲,"测谎"不是测"谎言"本身,而是测心理所受刺激引起的生理参量的变化。所以"测谎"应科学而准确地叫做"多参量心理测试","测谎仪"应叫做"多参量心理测试仪"。

说谎话的皮诺曹鼻子会变长,现实中的人说谎时也会有某些异常生理反应,只是肉眼无法观察而已。

问题提出:测慌仪的工作原理?

说谎的人什么样?童话故事中的匹诺曹,一说谎鼻子就要长一寸。童话毕竟是童话,没有人当真。

现代科学证实,人在说谎时生理上的确发生着一些变化,有一些肉眼可以观察到,如出现抓耳挠腮、腿脚抖动等一系列不自然的人体动作。还有一些生理变化是不易察觉的,如:呼吸速率和血容量异常,出现呼吸抑制

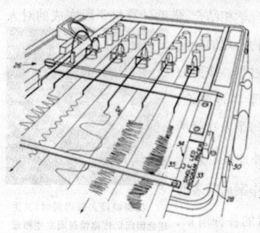

测谎仪能够记录下人体微小的生理变化

和屏息;脉搏加快,血压升高,血输出量增加及成分变化,导致面部、颈部皮肤明显苍白或发红;皮下汗腺分泌增加,导致皮肤出汗,双眼之间或上嘴唇首先出汗,手指和手掌出汗尤其明显;眼睛瞳孔放大;胃收缩,消化液分泌异常,导致嘴、舌、唇干燥;肌肉紧张、颤抖,导致说话结巴。

　　这些生理变化由于受植物神经系统支配，所以一般不受人的意识控制，而是自主的运动，在外界刺激下会出现一系列条件反射现象。这一切都会被仪器所记录，从这些生理变化判断被测者是否说谎。

　　问题提出：测慌仪结构是怎样的？

　　现代测谎仪由传感器、主机和微机组成。传感器与人的体表连接，采集人体生理参量的变化信息；主机是电子部件，将传感器所采集的模拟信号经过处理转换成数字信号；微机将输入的数字信号进行存储、分析，得出测谎结果。

测谎仪看似神秘，原理其实很简单。

　　问题提出：测慌仪一用就能知道是否在说谎？

　　测慌仪只是一种电子机械装置，它要发挥测慌的本领，还需要一定的测慌技术。

　　测谎技术是一种心理测试技术。所谓的心理测试技术，是以生物电子学和心理学相结合，借助计算机手段完成的对人物心理的分析过程。按照心理学的理论，每个人在经历

罪犯作案时在其心理肯定会留下深刻印记

了某个特殊事件后，都会毫无例外地在心理上留下无法磨灭的印记。作案人在作案后随着时间的延续，心里会反复重现作案时的各种情景，琢磨自己可能留下的痕迹，甚至想不琢磨都无

犯罪嫌疑人被询问时，其生理会因回忆作案情形而发生相应应变化。

法克制。每当被别人提及发案现场的一些细节时,作案人的这种烙印就会因受到震撼而通过呼吸、脉搏和皮肤等各种生物反应暴露出来。这种细微的反应被测试仪器记录下来后,便汇集形成或者知情、或者参与的结论。正基于这种原理,心理测试技术在测试嫌疑人时既允许回答"是"或"不是",也允许受测人以沉默作为回答。

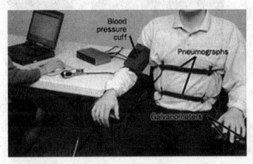

当事人的各项生理指标都会被记录,然后对照正常反应,就可以判断是否在说谎。

测谎仪并不能直接探测人的心灵,而是根据所要调查的内容事先编制好一系列问题,然后逐一向被测人提问。测谎所涉及的问题主要有三类:与调查事件无关的中性问题,与调查事件有关的相关或主题问题,与调查事件没有直接关系,而被测人又肯定会说谎的准绳或对照问题。测谎专家一般不与被测人员面对面,测谎专家眼睛要盯住电脑显示器上的图谱,同时用余光注意被测人员的面部表情。再有,测谎专家的语调不带任何感情,是一种机械的声音。

历史知识:测慌仪丰功伟绩

测谎仪在美国的历史上立过大功:美国有一个研制原子弹的橡树岭实验室,一开始定期对职员测谎,后来的负责人认为测谎侵犯人权,中断了测谎。在这十几年间,先后丢失了1780余磅制造原子弹的核材料,足以制作85枚原子弹。于是50年代又开始恢复测谎,对所有职员中的400人进行测谎,结果令人振奋:一些泄密者和偷

美国橡树岭实验室

生命科学

窃者被发现,一个有克格勃嫌疑的间谍被查获,重要的是它所产生的威慑作用,不少未被测试的职员纷纷承认了自己的违规行为,并归还了偷走的材料。

测慌仪对训练有素的间谍可能不起作用

问题提出:测慌仪真的很准确吗?

测谎仪特别是在司法实践中所面临的测试对象,是很多形形色色的犯罪嫌疑人,其中不乏智力超群、手段高明的高智商犯罪分子以及手段惨忍、罪恶滔天的犯罪分子。这些罪犯一般都具有常人所不具备的心理素质和承受能力,他们在面对测谎仪时并不一

测慌仪面对恐怖分子也发挥不了多大威力。

定会出现常人在撒谎时的种种表现,或者说对这些人的测试结果很可能处于正常值的范围。同时也有一些真正的无辜者由于敬畏测谎仪的神秘性,在测试时表现出荒张、不安的状态,而被测谎仪误认为"说谎"。

统计数字表明:测谎检查的准确率一般在90%左右。如果对包括10名说谎者在内的1000人进行测试,那么,试验结果将正确地发现9名说谎者;但对990名说真话的被测试人来说,99名将被错误地认定为说谎者。即使是99%的准确率(实际上不可能达到),仍将有10名说

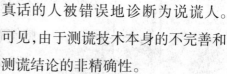

测慌仪测试结果不能直接作为证据在法庭上使用。

真话的人被错误地诊断为说谎人。可见,由于测谎技术本身的不完善和测谎结论的非精确性。

由此可见,测慌仪不是百分之百准确的,它会被人的某些生理反应所欺骗,测慌仪对一些受过专门训练的人,比如间谍,准确率就更低了。所以测慌仪测试结果不能直接作为证据在法庭上使用,只是将其作为一种辅助的取证手段。

电脑与人脑的异同

人们把计算机称之为电脑是因为人们认为计算机能做的事情与我们的大脑相似。许多人认为随着计算机技术的飞速发展,在不远的将来它就可以达到人脑的水平。也有人认为计算机永远也达不到人脑的水平。为了解释这个问题,我们首先要了解电脑与人脑各有哪些功能,有什么异同。

问题与探究

人脑有哪几部分组成?有什么功能?

脑是高级神经中枢所在地,控制人的感觉、运动、语言、情感、思维等。脑是人体最复杂的器官,它包括 1000 亿个神经元,重约 1400 克。

据估计脑细胞每天要死亡约 10 万

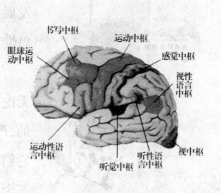

大脑皮层具有不同的分工

生命科学

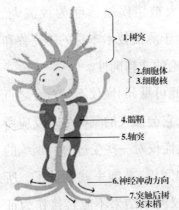

1.树突
2.细胞体
3.细胞核
4.髓鞘
5.轴突
6.神经冲动方向
7.突触后树突末梢

大脑含有上千亿个这样的神经细胞

个(越不用脑,脑细胞死亡越多)。一个人的脑储存信息的容量相当于1万个藏书为1000万册的图书馆,以前的观点是最善于用脑的人,一生中也仅使用掉脑能力的10%,但现代科学证明这中观点是错误的,人类对自己的大脑使用率是100%,大脑中并没有闲置的细胞。

人脑中的主要成分是水,占80%。它虽只占人体体重的2%,但耗氧量达全身耗氧量的25%,血流量占心脏输出血量的15%,一天内流经大脑的血液为2000升。大脑消耗的能量若用电功率表示大约相当于25瓦。

人脑分为大脑、间脑、小脑和脑干,脑干包括中脑、脑桥和延髓,有时把间脑也并入脑干。

问题提出:大脑的结构是怎样的?

脑最重要的部分是大脑,是中枢神经系统的最高级部分,是在长期进化过程中发展起来的思维和意识的器官。

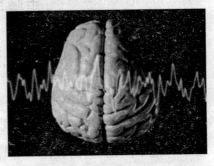

人的大脑分左右两个半脑

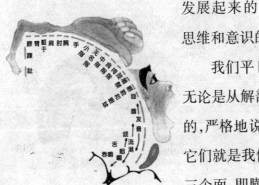

大脑不同区域控制身体不同的部位

我们平日里说"我们有一个大脑",其实无论是从解剖还是功能上来说,这都是不正确的,严格地说,我们每个人都佣有两个大脑。它们就是我们的左半球和右半球,每个半球有三个面,即膨隆的背外侧面,垂直的内侧面和凹凸不平的底面。半球表面凹凸不平,布满深浅不同的沟和裂,沟裂之间的隆起称为脑回。

大脑皮层由脑灰质组成,它能产生和处理神经信号。大脑内部由脑白质构成,它能够传递信号。大脑能控制有意识的行为和运动,左半球控制人体右半侧躯体,右半球控制人体左半侧躯体,正好相反。不同的部位控制着特定的行为,如言语和视觉。

问题提出:大脑如何感知外界?

人们习惯上把左半球称之为语言优势半球,而右半球则称之为哑脑。神经心理学家们,根据大脑不同区域的功能将大脑粗分了四个区,它们是主管我们心理意识的额叶区,主管我们听觉功能的颞叶区及主管我们肢体感觉和运动的顶叶区和主管我们视觉的枕叶区。人的一切活动都是在这些个区域内完成的,比如当我们听到什么时,听觉神经便把这一信息

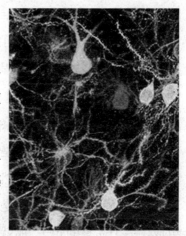

大脑通过神经元之间的联系来进行思维和记忆。

上传到我们的丘脑,再由它上传到颞叶皮层,颞叶皮层一方面把这一信息加以编码—完成记忆,另一方面它还会激活原有的相关信息使其完成对此信息的分析。对视觉来说,也是一样。当我们看到某物时,这一信息便被上 传到了丘脑,由它再上传到枕叶,枕叶皮层接受到这一信息后,也是一方面对它进行编码 - 完成记忆,另一方面也会激活相关的其它神经元,以便对此信息分析(比如被激活的信息在下传到我们的丘脑和进来的信息对比时,发现两者

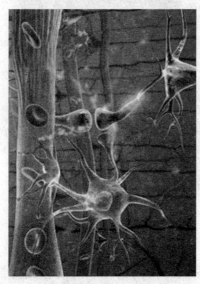

神经细胞需要血液输送能量

一样时,那么我们就会认得当前的物景,相反,我们就会对眼前的事物感到陌生)。人的大脑正是因为具有这些功能,所以我们才能学习。不过,人们的文化学习记忆不是在颞叶和枕叶中进行的,而是在顶叶和枕叶及颞叶的交界处完成的(它们是视性语言区和听性语言区)。

问题提出:大脑如何思维的?

现在我们来看一下我们的大脑是怎样完成思维活动的:其实这个过程它不象我们想象的那么复杂。我们在成长过程中会学到很多的东西,这些知识它们多数会被我们记忆下来的。这个记忆的过程,它就是神经元之间所形成的一种编码,这种编码当然不是某个字就是由某个神经元来完成的,而是由多个神经元所组成。一个完整的句子,那就是由组成这些个字的众多的神经元之间的联系来形成的。大脑的思维活动,其本质就是激发或抑制及联络或断开这些神经元与神经元之间的关系的一

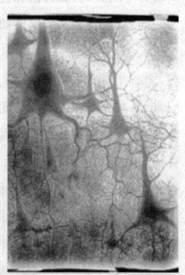

大脑皮层的神经细胞

种活动过程。有些人可能会有一种错觉,以为我们的思维活动可能是一种随心所欲的过程,其实,情况完全不是这样,第一,它是遵循着我们已往的知识所构成的逻辑回路来运行的。第二,它还受到内外两种信息的性质所制约的。当内在的信息强度比外来的信息强度大时,则我们会沿用我们以往的知识来进行思维(固执己见),当外来的信息强度比我们原有的信息的强度大时,我们就

象棋大师卡斯帕罗夫与名为"深蓝"的超级电脑进行"人机大战"。
http://library.thinkquest.org/C0115420

可能放弃原有的观念(三人成虎)。我们正常的思维是按照特定的逻辑来进行的,这个逻辑性就是我们过去的知识所形成的逻辑回路。

问题与探究

电脑与人脑有什么区别?

通过对大脑结构和功能的认识,我们发现以有机物为骨架的人脑是非常精妙和神气的,与以硅为基础的电脑还是存在本质的区别的,我们先来综合比较一下两者的区别。

电脑需要电源供电

能量来源不同

饮食保证大脑正常运作

电脑与人脑两者都需要能量以供运作。为你的电脑插上电,按下电源开关,它将得到运作所需的能量,拔掉插头,它就关机。你的脑以着不同的形式运作,它从你所吃的食物里以葡萄糖的形式得到所需的能量。饮食同时也提供一些能使脑部正常运作的基本物质,诸如:维他命或是矿物质。不像电脑,你的脑部并没有关机的时候,即使是你在睡觉的时候,你的脑部也是处在活动状态的。

信息传递方式不同

当一部电脑被开启,电讯号要么就是到达机器的某部分,要么就是没有。换言之,对于电脑来说,信息的传输是全有全无形式的。

但神经系统而言,其运作不仅仅只是依循全有全无的模式。单一神经细胞可能接收来自其他上千个神经细胞的信息。我们将神经细胞彼此之间传递讯息的区域称为突触,此区域内有一条小沟位于两神经细胞之间。

生命科学

当讯息由一个神经细胞传向另一个神经细胞的同时,化学物质(也就是神经递质)由上游神经细胞末梢被释放出来。神经传导物质跨越横沟到达接收端神经上的特殊构造——接收器。引发接收端神经内微小的电子反应。然而,这个微小的反应并不表示讯息会继续被传递下去。

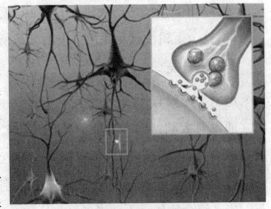

神经细胞兴奋传递过程

接收端的神经细胞可能由许多个突触,那儿获得上千个微小讯号。唯有这些来自各突触的所有讯息总和强度超越某一值时才有可能产生一个大的讯号,而让讯息得以向下一个神经传递。

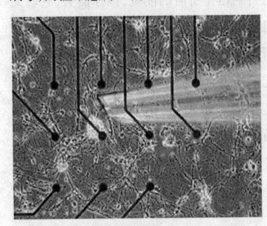

记忆形成过程中,电极能记录下神经元发出的冲动。

记忆方式不同

电脑借着晶片,磁片,光碟片储存资料,而人脑则使用遍及脑部各处的神经回路来记忆。为电脑安装新的硬体或是软体可以增加电脑的记忆量或新增程式。人脑则是可以持续性的更动修饰,不断的学习新事物。必要时,脑部有时能自行复原其功能! 例如,某些脑伤之后,那些没有受伤的脑组织能取代原先由受伤区域脑组织所负责的功能,而电脑就没有这方面的功能了。

处理信息方式不同

电脑是处理“0”和“1”的电子装置,即简单的“开”和“关”两种状态,所

脑细胞的联接比较

出生时的大脑　　6岁时的大脑

出生时与6岁时脑细胞数量一致，但出生后突触快速增长，让脑细胞形成"互联网"。

人脑记忆的形成

有需要处理的信息最终都要转化成"0"和"1"才能处理，除了人"0"和"1"，它什么都不理睬。而人脑绝不是单纯处理0和1的装置，它直接接受和处理模拟信号。

意识的不同

电脑以及人脑之间最大的差异是意识的有无。虽然要你以言语来描述意识可能很困难，但是此时此刻你可以很容易的意识到你在这儿。电脑就没有办法有这样的知觉，虽然电脑可以以惊人的速度进行特别的运算，但是它们并不会经历一些使我们之所以为人的情绪起伏，梦境以及思考，至少目前还不能！

人脑会思考，电脑不会思考。

走向现实的电子人

问题提出：电子人是什么样的人？

电子人是人与机器的结合，这不是一个科幻概念，英国著名控制论专家凯文·沃里克早在几年前就开始了相关试验。想象一下，在你的身体里植入芯片，通过这块芯片，把你的脑神经活动和体外的电脑连接起来，无论你想做什么，和电脑连接的机械手就会让你心想事成。这一切仿佛科幻电影里的一幕，已经让奇云·沃里克博士超前"享受"到了——他分别于1998年和今年3月两度在自己体内植入芯片，成为世界上第一个"电子人"。由于他大胆地将电脑芯片植入身体,也因此被称为"世界上第一个电子人"。

1998年3月,在沃里克的强烈要求下,医生在他的左臂肌肉层植入了一个长2.5厘米、直径2.5毫米的圆柱状芯片。在这个"迷你玻璃瓶"里,装着几个微处理器和一个电磁线圈。今年3月14日,沃里克第二次将"人体芯片"植入手中。

第一个电子人凯文·沃里克

其后,沃里克又在妻子的体内植入了芯片,夫妻俩可以借助无线电波了解对方身体"动态",真的是"心有灵犀一点通"。

植入人体的电子芯片

沃里克说当他的神经系统和体内芯片连接在一起时,就有了"第六感"——不仅能够意识到通常人意识到的东西,还能意识到机器人能够认知的东西。因此,在不久的将来,植入了电脑芯片的人将可以直接通过思想进行交流,而无需通过语言。

沃里克的研究招来骂声一片,但他并未停止自己的研究,而且断言:"我们人类可以进化成电子人——部分是人,部分是机器。"

沃里克预言,如果控制论进一步发展下去,那么它将用红外雷达帮助盲人"看"东西,通过超声波让耳聋的人"听"到声音。他甚至担心,如果人不与机器合二为一的话,人类可能会在未来变成一种较低等的生命。

未来的电子人会是什么样?

生命科学

问题提出：电子人与机器人有什么区别？

电子人有时候会与机器人混淆在一起。电子人乃是受到自动控制的有机体，是以生物人为基础，是机器与生命的混种。机器人是自动执行工作的机器装置，可接受人类指挥，也可以执行预先编排的程序。机器人是具有人类特点的机器，而不是机械人。

机器人

问题提出：电子人与机械人相同吗？

生命科学

漫画中的铁人

在漫画中，铁人是披挂铁甲，力大无穷的超级英雄。建造无坚不摧、刀枪不入的铁甲士兵也是五角大楼的梦想。在军队资助下，美国犹他州一所秘密实验室里，一位天才工程师正在悄悄制造他的铁人。这个"铁人"其实是一件机械外衣，简称XOS，是迄今最先进的外机械骨骼，穿上它后，任何人都能轻松举起200磅重物，仿佛拿起一根筷子，连续举重500下，却丝毫不感觉疲劳。这种人与机械外在的结合，可以增强人的能力，这种机械人与电子人还是存在区别的，电子人是电子技术与人的内在结合。

机械人能够连续几天拖着几百磅重物奔跑，却不觉疲惫；在战场上，它能灵活操作通常需要两人驾驭的武器；能够背着两名负伤的战友轻松撤离战场。甚至敌人炮火对它也无可奈何，类似他们想要漫画中的铁人。

生命科学

问题提出:机械人如何实现如此强大能力的?

以举杠铃为例,身着机械外骨骼的人想要举杠铃时,人手上的感应器以每秒几百次甚至几千次的速度把测量到的数据传给中央处理器。这一系统把数据输入一系列计算外骨骼手臂、腿和背部方位和运动的公式。最终认识到人想要把手放下,计算出要模仿他的动作,每个关节内的每条人工肌肉需要如何运动。这样人并未感到一点儿负担,因为在他真正用力前,系统已经指挥机械手臂代为拿下杠铃。此时人不会有半点喘气的迹象。

机械人 XOS 看上去很笨重,但是提重物和行动不费吹灰之力。

百科全书式大脑——记忆芯片

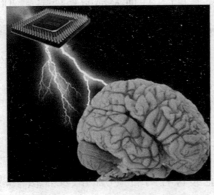

记忆芯片何时能与人脑完美结合?

把电脑硅芯片和人脑直接相连的开发工作,科学家设想通过在芯片上培养神经细胞来实现的。高科技的进一步发展,人脑就可能与计算机直接相连。借植入脑中的芯片使人脑以碳为基础的记忆结构和计算机的硅芯片发生直接联系,这种联系会大大增强大脑的功能,因为芯片在存取信息方面的能力可以与人脑相媲美。那时,把一部《大英百科全书》的知识装入大脑是轻而易举的事,人人都变得过目不忘,博闻强记,人类的所有知识都可以用这样的芯片方式植入大脑,人类可以免去繁重的学习任务。由于电脑联网的作用,那时人们可以不用通过语言就可以进行思想交流,人类的所有知识和思想都可以共享。这一前景,可能在不久的将来就可以实现。

问题提出:电脑与人脑结合会不会受到病毒侵害?

当然,这一前景也会给未来的人类带来问题。忧虑者认为,由于电脑的联网,脑机相连就可能会使人脑的信息受到侵害。例如,某人要实行报复,只需设法将对方的脑—机"开关"打开,给一个删除命令,将对方脑—机里的非电脑信息连同电脑信息一并抹去。或者由于病毒的原因,使大脑受损,而且由于网络化的原因,全世界的脑—机都中了病毒,清除病毒的主体本身出了问题,病毒就无法杀死了。一部电脑有把自身所有的信息拷贝到另一部电脑的能力。在未来,

Su cerebro es como una computadora.

BrainMinder Buddies! Ten cuidado de su cerebro.

人与电脑结合隐藏着不可预见的危险

一个人可以将另一个或无数个人脑里的信息非法洗掉,并把自己的信息拷到那些人的脑—机里。这一前景也是很危险的!

问题提出:世界上有人做过记忆芯片试验吗?

据美国加利福尼亚州电子计算技术中心使用最新最精密的大型计算机计算,圆周率一直到小数点后 1 亿多位,仍没有循环。圆周率有"无限位不循环的小数",对圆周率进行识记,是一种简便考察记忆力水平的测定方法。日本人基于此,进行了"圆周率小数的记忆移植"试验研究,很富有探

生命科学

索性。一位曾在全日本"背诵圆周率"比赛摘取桂冠的女性,是早稻田大学的学生,她乐于接受这种"经计算机输出的记忆芯片"的移植试验。

试验之前,她再次背记圆周率,记住位数有时甚至打破"冠军纪录"。她的冠军纪录是小数点后100余位。但是在背诵圆周率时,背到100多位后,她无论如何背不下去了。依当时的情形看,这次对于人的记忆移植失败了。

π
3.141
5926535
8979323846
2643383279502
8841971693993751

圆周率是无限不循环小数

但在一周时间后,她能背到1000多位。也就是说,一下子提高了十几倍。

人接受"芯片记忆印痕"后,在一段时间的背诵能力能够大大提高,这都说明了一个问题:"间接移植"是在原脑的基础上的"加强与优化",欲想接近芯片记忆的水平,芯片记忆的东西为原脑所用,必须经过实践和锻炼的过程方能实现。

记忆芯片或许会让人类消除记忆和遗忘的痛苦。

实现永生梦想——记忆拷贝

问题与探究

人类如何通过拷贝人脑记忆获得永生?

随着人类科技的进步,物质生活水平的提高,人类的寿命会逐步提高,这是一个众所周知的常识,然而如果说到实现永生,要仙福永享,寿与天齐,要如神仙一般长生不老,恐怕大部分人还是难以理解。实际上,现代科技提供了多种途径,似乎正在引导着我们一步一步地向着这个目标逼近。

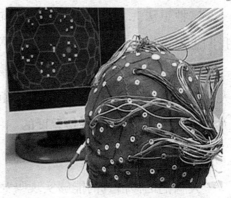

大脑记忆拷贝能实现吗? 现在还不得而知

人类与机械特别是电脑结合,是人类实现永生梦想的一种方途径。

"我"的克隆人还是"我"吗?

有人提出如果把脑里植入电脑芯片,将大脑存储的信息都能用芯片存储起来,甚至可以与电脑连网,那么只 要电脑芯片不坏,人脑的记忆就不会消失,就不会出现所谓的脑死亡,这样岂不是可以实现永生了吗?

另一种可能的方法是在一个人的肉体即将衰老死去之前,将人脑中的记忆拷贝到一个芯片上,然后再拷贝到另一个年轻的人体身上,或是自己的克隆体。因为自己的克隆体虽然与自己的基因一模一样,但没有自己的意识和思维,不能称之为另一个我,最多就是一个比自己晚出生的孪生兄弟而已。只有当克隆体输入了"我"的记忆后,才能是"我"自己。通过记忆移植,让自己的肉体定期更新使之年轻化,而意识和思维永远保持一致,从而实现人的永生。

我们有理由相信人类完全可能会通过技术手段,使得人类超越生物层次,达到另外一种生存状态,从而使得自身的寿命得到一个质的提高,比如可能存活几万年,几十万年,乃至更长的时间。

生命科学

这种想法无疑是吸引人的，可是我们想想这样一个"人"，到底应该算一个机器人呢，还是应该算一个"生物人"呢？这样一种做法，必然也会引起人们关于伦理的争议，这是无疑的。

问题与探究

人脑记忆移植真的能够实现吗？

日本科学家曾用大脑活体做过实验。他们把数千个脑神经细胞盛在有培养液的玻璃器皿中，伸展的神经突触很快将细胞群连接在一起，从而形成一个密如蛛网的"记忆神经网络模型"。

科幻中的神经网络

网络中的一部分神经细胞会间断地发出微弱的光，同时每隔数秒，沿同样的线路会发出并传递电信号。如果从玻璃器皿外部给它们一定的电刺激，其他神经细胞也开始发光，并以此作为新的发光传递模式。所以科学家认为，记忆实际上是光信号留在神经细胞网络上的"印痕"，而发光是脑神经网络在记忆瞬间形成的刺激；信号在相互缠绕的网络中沿特定的路线传递则是人类思考认识事物的过程，这一过程与电流在计

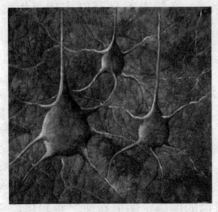

神经细胞网络光传递（模拟图）

算机线路板上流动，从而完成复杂的计算过程是同一原理。人类的无数记忆就是以传递路线的形式储存起来的，有多少记忆就相应地有多少个信号传递路线。

生命科学

既然人的记忆过程与计算机的计算过程有着相同的原理,科学家就希望通过生物芯片的研制来实现记忆的移植。专家们预计在本世纪"人造脑"将可问世。那时,就可以用生物芯片拷贝一个人大脑所储存的全部记忆信息,再将载有这全部信息的生物芯片植入另一个人的大脑中。在此过程中,生物集成电路和电脑起着重要作用。

问题提出:芯片如何与人脑神经细胞实现驳接?

要实现记忆的移植,关键是生物芯片与人类大脑驳接的可能性。如果实现驳接的成功,记忆移植才能够获得成功。现在,科学家们已经在动物身上证实了芯片与大脑驳接的可能性。西班牙科学家用斗牛成功地进行了这样的实验:在公牛大脑中植入一块小型芯片,然后把它赶进斗牛场。这头公牛被激怒以后,马上向打扮成

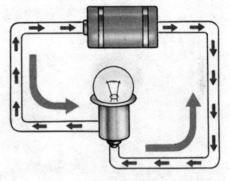

电子在电路中的流动与信号在神经细胞中传递情况是类似的,相信终有一天人脑和电脑能自由连通,互传信息。

斗牛士的科学家冲去,而这位科学家却临危不惧,只按动一下手中的开关,公牛便即刻站住不动了。原来这是因为向芯片上输入的脉冲在牛的脑神经上发挥了作用。

生 物 化 学

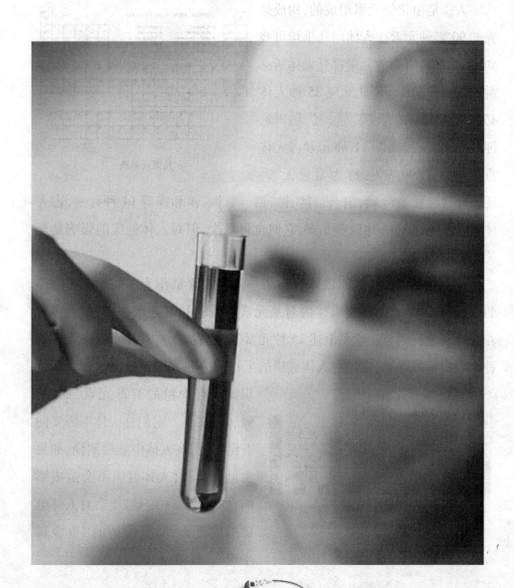

生命科学

人体中的化学元素

问题提出：人体内有哪些元素？

人体是由化学元素组成的，构成地壳的 90 多种元素在人体内几乎均可找到，但并不是所有的元素都是人体所必需的。到目前为止，只发现 25 种人体必需元素，其中氧、碳、氢、氮、钙、磷、钾、硫、钠、氯和镁等 11 种元素占人体重量组成的 99.9%，称为常量元素。

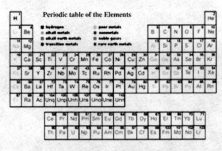

元素周期表

还有硅、铁、氟、锌、碘、铜、钒、锰、铬、钴、硒、钡、锡和镍等 14 种元素，占人体重量不到 0.1%，称微量元素，它们含量虽少，但对人体健康的影响是至关重要的。

医生可根据人体组织或体液中某一元素的含量作为疾病诊断和治疗的依据；营养学家可根据人体内对某元素的需求和现含水平，掌握人体营养状况和进行调节。除了上述 25 种元素外，还有 30 左右种元素在人体各种组织中普遍存在，它们对人体健康的生物效应和作用至今还未被人们认识。还有少量的有毒元素，如铅、镉、汞、镭等。它们是人体不需要的有毒物质，在人体中能检测到，如果含量极微，对人体健康不会造成影响，如果超过一定量，就会对人体健康造成危害，就是所谓的"重金属中毒"。

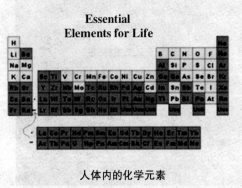

人体内的化学元素

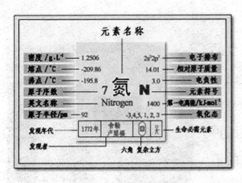

氮元素

人体内的必需化学元素各有什么作用?

人体内的化学元素大多以化合物形式存在于人体之中,传递着生命所必须的各种物质,起到调节人体新陈代谢的作用。当膳食中某种元素缺少或含量不足时,会影响人体的健康。我们来看一下一些主要化学元素的作用。

氮

氮是构成蛋白质的重要元素,占蛋白质分子重量的 16% ~ 18%。蛋白质是构成细胞膜、细胞核、各种细胞器的主要成分。蛋白质是生物体的主要组成物质,有多种蛋白质的参加才使生物得以存在和延续。例如,有血红蛋白;有生物体内化学变化不可缺少的催化剂——酶(很复杂的蛋

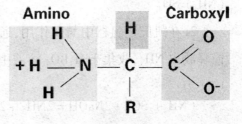

氨基酸结构通式

白质);有承担运动作用的肌肉蛋白;有起免疫作用的抗体蛋白等等。

各种蛋白质都是由多种氨基酸结合而成的,氮是各种氨基酸的一种主要组成元素。此外,氮也是构成核酸、脑磷脂、卵磷脂、维生素的重要成分。

凯氏定氮法实验装置

实验讲解：凯氏定氮法

蛋白质是含氮的有机化合物。食品与硫酸和催化剂一同加热消化，使蛋白质分解，分解的氨与硫酸结合生成硫酸铵。然后碱化蒸馏使氨游离，用硼酸吸收后再以硫酸或盐酸标准溶液滴定，根据酸的消耗量乘以换算系数，即为蛋白质含量。

1.有机物中的胺根（NH_2-）在强热和 $CuSO_4$，浓 H_2SO_4 作用下，消化生成 $(NH_4)_2SO_4$。反应式为：

$$CuSO_4 + 2NH_2- + H_2SO_4 + 2H^+ = (NH_4)_2SO_4$$

2.在凯氏定氮器中与碱作用，通过蒸馏释放出 NH_3，收集于 H_3BO_3 溶液中。反应式为：

$$(NH_4)_2SO_4 + 2NaOH = 2NH_3 + 2H_2O + Na_2SO_4$$

全自动凯氏定氮仪

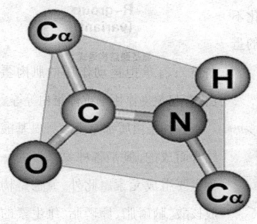

肽键中的氮元素

$$2NH_3 + 4H_3BO_3 = (NH_4)_2B_4O_7 + 5H_2O$$

3.用已知浓度的 HCl 标准溶液滴定，根据 HCl 消耗的量计算出氮的含量，然后乘以相应的换算因子，既得蛋白质的含量。反应式为：

$$(NH_4)_2B_4O_7 + H_2SO_4 + 5H_2O = (NH_4)_2SO_4 + 4H_3BO_3$$

你知道为什么要在牛奶中加三聚氰胺？

蛋白质含量是用凯氏定氮法测定,牛奶中加入三聚氰胺可以提高氮检出率,从数据上提高了蛋白质含量。

钠和氯

钠和氯在人体中是以氯化钠的形式出现的,起调节细胞内外的渗透压和维持体液平衡的作用。人体每天必须补充 4 ~ 10g 食盐。

钾

钾为细胞内液中的主要阳离子,全身钾总量的 98% 在细胞内。钾在细胞外液中含量不多,为 3.5 ~ 5.3mmol/L,但有极为重要的生理作用。钾能增加神经肌肉的应激性,但对心肌却起抑制作用。钾

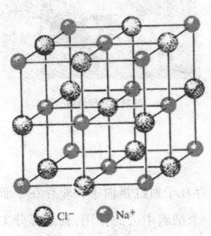

氯化钠晶体结构

Cl^- Na^+

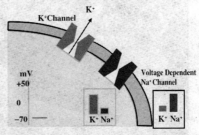

Resting potential

K^+ Channel K^+

mV
+50
0
−70

K^+ Na^+

Voltage Dependent Na^+ Channel

K^+ Na^+

细胞内的钾离子及其通道

的来源全靠食物中摄入,85% 由肾排出。肾对钾的调节能力很低,在禁食和血钾很低的情况下,每天仍然要从尿中排出相当的钾盐。因此,病人禁食两天以上,就必须从静脉补钾,否则引起低钾血症。成为每日需钾盐 2 ~ 3g,相当于 10% 氯化钾 20 ~ 30ml。

钙

钙是一种生命必需元素,也是人体中含量最丰富的大量金属元素,含

量仅次于 C、H、O、N，正常人体内含钙大约 1~1.25kg。每千克无脂肪组织中平均含 20~25g。

钙是人体骨骼和牙齿的重要成分，它参与人体的许多酶反应、血液凝固，维持心肌的正常收缩，抑制神经肌肉的兴奋，巩固和保持细胞膜的完整性。

缺钙会引起软骨病，神经松弛，抽搐，骨质疏松，凝血机制差，腰腿酸痛。

人体每天应补充 0.6~1.0g 钙。食物中含有较丰富的钙，动物骨、鸡蛋、鱼虾和豆类等含钙丰富。

缺钙引起佝偻病

铁

成年人体内约含 4~5 克，其中 73% 存在于血红蛋白中，3% 存在于肌红蛋白中，它起着将氧输送到肌体中每一个细胞中去的作用，其余部分主要贮存于肝中，铁是多种酶的成分。铁对于婴幼儿、少年儿童的发育非常重要，特别是 6~24 个月的婴幼儿，缺铁会使大脑发育迟缓、受损。人体中缺铁，会导致缺铁性贫血，人会感到体虚无力，严重时发展为缺铁性心脏病。动物性食品比植物性食品中的铁易吸收，但总的吸收率不高，无机铁的吸收率较高。

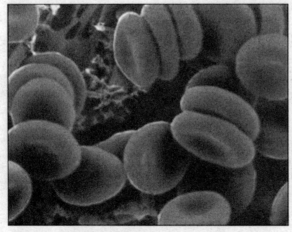

人体内大部分铁存在于红细胞内

锌

成人体内含锌量为 2 ~ 3 克,锌是人体七十多种酶的组成成分,参与蛋白质和核酸的合成,因此锌是维持人体正常发育的重要元素之一。

缺锌会影响很多酶的活性,进而影响整个机体的代谢;锌蛋白就是味觉素,缺锌时味觉不灵,使人食欲不振;锌是维持维生素 A 正常代谢功能的必需元素、增强眼睛对黑暗的适应能力;胰腺中锌含量降至正常人一半时,易患糖尿病;缺锌还会使男性性成熟较晚,严重时会造成不育。

富含锌的食物

猪、牛、羊肉及海产品中锌的含量高一些,食品中含有大量的钙、磷、铜、植酸等会影响锌的吸收,Fe/Zn = 1 时,锌吸收最好;若大于 1.5 时,也影响锌的吸收。

铜

铁的助手——铜,促进肠道对铁的吸收,促使铁从肝及网状内皮系统的储藏中释放出来,故铜对血红蛋白的形成起重要作用,缺铜也会导致缺铁性贫血。

钴

钴是维生素 B12 的成分,每天只需要 3

维生素 B12

生命科学

微克 VB12 就能防止恶性贫血、疲倦、麻痹等现象,人体中只有结肠中的大肠杆菌能合成含钴 VB12,因此主要在体外合成含钴 VB12 摄入体内才能被充分利用。

人体中的钴可随尿液排出,低剂量的钴不会引起中毒,若把钴放在酒中服用,则可以发生中毒而引发中毒性心力衰竭导致死亡。

氟

氟多了少了都致病,人体中含氟量约为 2.6 克,主要分布在骨骼与牙齿中,其生理功能是防止龋牙和老年骨质疏松症。

氟又是一种积累性毒物,体内含量高时会发生氟斑牙,长期较大剂量摄入时会引发氟骨病,骨骼变形、变脆、易折断。过量的氟还能损伤肾功能。

每人每天摄入推荐量为 2 ~ 3mg。海味、茶叶中含有丰富的氟,含氟为 0.5 ~ 1.0mg/L 的生活饮水是供给氟的最好来源(100% 的吸收)。

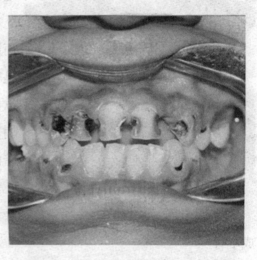

缺氟会导致龋牙

碘

人体含碘 20 ~ 50mg,其中 20% ~ 30% 集中在甲状腺中,它构成甲状腺素和三碘甲状腺素,该类物质的功能是控制能量的转移、蛋

大脖子病是缺碘引起的

生命科学

白质和脂肪的代谢、调节神经与肌肉功能、调控毛发与皮肤的生长。

　　怀孕期间缺乏碘，胎儿发育不正常，严重时会生出低能儿、畸型儿、甚至胎死腹中。一般成人缺碘会造成甲状腺肿大，降低分泌甲状腺素的功能，就会使人感到疲倦、懒散、畏寒、性欲减退、脉搏减缓、低血压、轻微缺碘与甲状腺癌、高胆固醇及心脏病致死都有很大关系。如果儿童缺碘，会影响儿童的生长发育，造成呆小症。

　　富含碘的食物有海鱼、海藻类(如海带、紫菜)。

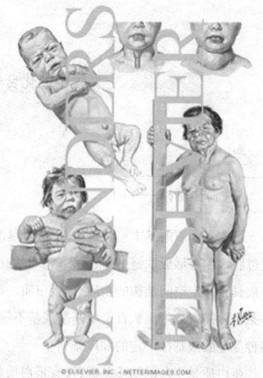

幼儿缺碘会引起呆小症

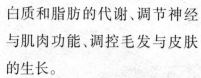

你知道为什么我们现在食用的盐中都要加碘吗？

　　加碘盐可以预防由于缺碘引起的大脖子病，减少儿童患呆小症的几率，是一种简单经济的预防措施。

动手做一做

　　1.将蝌蚪的甲状腺摘除，然后观察它们的生长发育情况。
　　2.在饲养蝌蚪的水里加入猪的甲状腺碎片，观察它们的生长发育情况。

生命科学

人体中的化合物

知识讲解

生命体现者——蛋白质

组成蛋白质的基本单位是氨基酸,氨基酸通过脱水缩合形成肽链,一条或多条多肽链折叠成具有一定空间结构的物质,即蛋白质。每一条多肽链有二十至数百个氨基酸残基不等;各种氨基酸残基按一定的顺序排列。

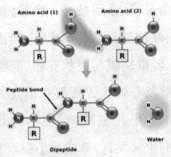

氨基酸脱水缩合生成肽链

蛋白质是生命的物质基础,没有蛋白质就没有生命。因此,它是与生命及与各种形式的生命活动紧密联系在一起的物质。机体中的每一个细胞和所有重要组成部分都有蛋白质参与。蛋白质占人体重量的16.3%,即一个60kg重的成年人其体内约有蛋白质9.8kg。

问题提出:蛋白质在人体内有什么作用?

1.构造人的身体:蛋白质是一切生命的物质基础,是肌体细胞的重要组成部分,是人体组织更新和修补的主要原料。人体的每个组织:毛发、皮肤、肌肉、骨骼、内脏、大脑、血液、神经、内分泌等都是由蛋白质组成,所以说饮

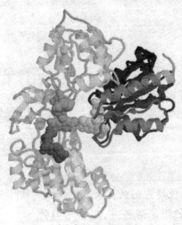

蛋白质空间结构示意图

食造就人本身。蛋白质对人的生长发育非常重要。

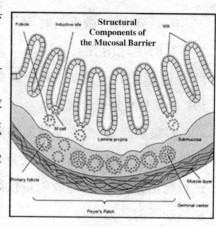

2. 修补人体组织：人的身体由上万亿个细胞组成，细胞可以说是生命的最小单位，它们处于永不停息的衰老、死亡、新生的新陈代谢过程中。例如年轻人的表皮 28 天更新一次，而胃黏膜两三天就要全部更新。所以一个人如果蛋白质的摄入、吸收、利用都很好，那么皮肤就是光泽而又有弹性的。反之，人则经常处于亚健康状态。组织受损后，包括外伤，不能得到及时和高质量的修补，便会加速机体衰退。

胃黏膜每两三天就更新一次，需要充足的蛋白质供应。

3. 输送各类物质：载体蛋白对维持人体的正常生命活动是至关重要的。可以在体内运载各种物质。比如血红蛋白—输送氧（红血球更新速率 250 万/秒）、脂蛋白–输送脂肪、细胞膜上的受体还有转运蛋白等。

4. 免疫功能：如免疫球蛋白，它负责将侵入人体的抗原物质消灭。当蛋白质充足时，人体的免疫系统就很强，人的抗病能力就强。

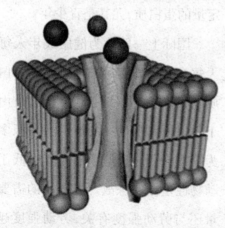

细胞膜上载体蛋白控制物质进出细胞膜

5. 催化功能：我们身体有数千种酶，每一种只能参与一种生化反应。人体每个细胞里每分钟要进行一百多次生化反应，酶能够促进生化反应快速有序地进行。相应的酶充足，反应就会顺利、快捷的进行，我们就会精力充沛，不易生病。否则，反应就变慢或者被阻断。

生命科学

6.调节功能:激素具有调节体内各器官的生理活性。如胰岛素是由51个氨基酸分子合成,生长素是由191个氨基酸分子合成。

7.提供能量:当主要功能物质糖类供应不足的时候,蛋白质就会分解进行氧化分解作用,释放能量供给生命活动所需。

问题提出:为什么我们每天都要摄入一定量的蛋白质?

人体内蛋白质的种类很多,性质、功能各异,但都是由20多种氨基酸按不同比例组合而成的,并在体内不断进行代谢与更新。被食入的蛋

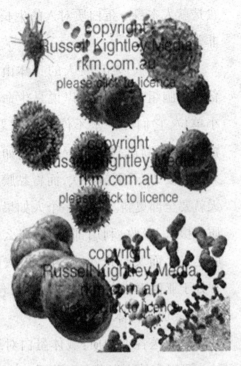

与病原体结合的免疫球蛋白

白质在体内经过消化分解成氨基酸,吸收后在体内主要用于重新按一定比例组合成人体蛋白质,同时新的蛋白质又在不断代谢与分解,时刻处于动态平衡中。因此,我们每天必须摄入一定量的蛋白质,尤其是青少年。

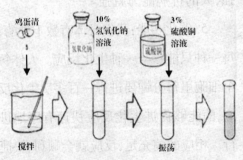

用双缩脲试剂(10%氢氧化钠,3%硫酸铜)检验蛋白质

国际上一般认为健康成年人每天每公斤体重需要0.8克的蛋白质。我国则推荐为1.0克,这是由于我国人民膳食中的蛋白质来源多为植物性蛋白,其营养价值略低于动物性蛋白的缘故。蛋白质的需要量还与劳动强度有关,劳动强度越高,蛋白质的需要量越大。青少年每

天需要摄入的蛋白质量是每千克体重 1.7 克左右。

动手做一做

蛋白质鉴定

1. 在小烧杯中倒入 10ml 水,在加入鸡蛋清 1ml 后搅拌,制成鸡蛋清溶液。

2. 取鸡蛋清溶液 2ml 滴入试管中,然后加入 2ml10% 氢氧化钠溶液,待充分混合后,在加入 3~4 滴 3% 硫酸铜溶液,并充分振荡。

3. 观察试管中的颜色变化。如果溶液呈紫色或者淡紫色,则说明受检物质中含有蛋白质。

问题与探究

能量供给者——糖类

人类之所以有生命,是通过不断吸取外界有用物质在体内经过许多化学反应不停地按照一定的规律进行着,然后向外界不断排出代谢产物以维持体内的平衡,从而形成了新陈代谢。而在新陈代谢过程中所需要的能量来源,主要是依赖糖类。

米饭等食物中主要含有淀粉,消化后葡萄糖吸收进入血液中成为血糖。

糖类即碳水化合物,广泛存在于自然界与生物体中,是人体最主要的供给能量的物质。人体内主要的糖类是糖原及葡萄糖,葡萄糖是单糖,是糖的运输形式,而糖原是由葡萄糖聚合起来的多糖,在人体内是糖的贮存形式。二者在体内均可以氧化供给能量。每克葡萄糖完全氧化时可释放出能量约16.7 千焦尔(4 千卡)。

问题提出:什么是血糖?

血液中所含的葡萄糖称为血糖。正常人血糖浓度相对稳定,饭后血糖可以暂时升高,但不超过 180mg/dl,空腹血糖浓度比较恒定,正常为 70 ~ 110mg/dl(3.9 ~ 6.1mmol/L),两种单位的换算方法为:1mg/dL = 0.0655 mmol/L。

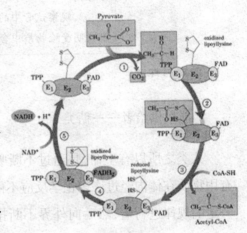

体内血糖代谢途径

问题提出:人体内血糖来源和去路有哪些?

血糖主要来源于:

1. 食物,米、面、玉米、薯类、砂糖(蔗糖)、水果(果糖)、乳类(乳糖)等,经胃肠道的消化作用转变成葡萄糖,经肠道吸收入血液成为血糖。

2. 储存于肝脏中的肝糖原分解成葡萄糖入血。

3. 非糖物质即饮食中蛋白质、脂肪分解氨基酸、乳酸、甘油等通过糖异生作用而转化成葡萄糖。

血糖的去路主要有四条途径:

1. 葡萄糖在组织器官中氧化分解供应能量。

2. 在剧烈活动时或机体缺氧时,葡萄糖进行无氧酵解,产生乳酸及少量能量以补充身体的急需。

3. 葡萄糖可以合成肝糖元和肌糖元储存起来。

4. 多余的葡萄糖可以在肝糖转变为脂肪等。

问题提出:正常血糖浓度是多少?

空腹血糖正常范是 70～110mg/dL,高于 126mg/dL 诊断为高血糖病。另外,饭后血糖也是很重要的,正常餐后两小时血糖范围是 70～140mg/dL。

血糖测量仪

血糖浓度过高,多余的葡萄糖就会通过尿液排出体外,糖尿病人的尿液甚至能引来蚂蚁。

问题提出:人体缺乏糖类会如何?

在供给能量上,糖几乎可以被所有组织所利用,而且在体内是首先被利用的物质。缺乏糖类时,必须动用体内脂肪和蛋白质进行分解转化为糖类。因此,糖供应充足时,可减少蛋白质与脂肪的消耗。

糖类供给的能量对于骨骼肌和心肌

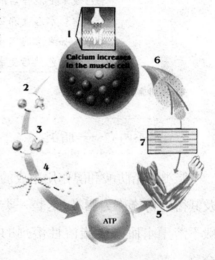

肌肉组织与糖元(4 为糖原)

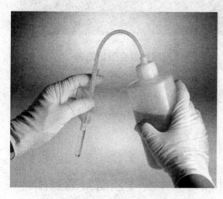

在梨汁中滴加菲林试剂

的工作非常重要。当糖类缺乏时,此两种肌肉工作能力降低,甚至不能工作。正常情况下,心肌与骨骼肌均贮备糖原以应急需进用。心肌若缺乏糖原贮备,在低血糖时可以发生心绞痛的症状。糖类对于神经代谢也极其重要,中枢神经组织所贮存的营养物质极少,只能利用血液输送的葡萄糖供给代谢的需要,当缺乏糖类引起低血糖时,可以引起癫痫样抽搐甚至昏迷。

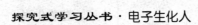

动手做一做

葡萄糖是还原性糖,可以用菲林试剂检测尿中是否含有葡萄糖。

1. 配制菲林试剂:

甲液:0.1 克/毫升 NaOH 溶液。

乙液:0.05 克/毫升 $CuSO_4$ 溶液

2. 取 3 毫升现榨梨子汁倒入试管,将菲林试剂的甲液和乙液 1:1 混合后取 3 毫升加入试管中,这时溶液呈淡蓝色。

3. 水浴煮沸 2 分钟,观察颜色变化。

如果溶液不变色,说明样液中没有葡萄糖。如果溶液先变为棕色然后变成砖红色,说明样液中含有葡萄糖。

知识讲解

与水不两立——脂类

脂类由脂肪酸和醇作用生成的酯及其衍生物统称为脂类,这是一类一般不溶于水而溶于脂溶性溶剂的化合物。

脂类是机体内的一类有机大分子物质,它包括范围很广,其化学结构有很大差异,生理功能各不相同,其共同理化性质是不溶于水而溶于有机溶

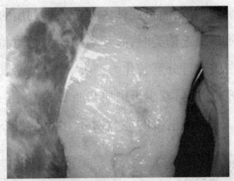

一提到脂肪就会想到肥肉

剂,在水中可相互聚集形成内部疏水的聚集体人体内脂类分脂肪和类脂两大类。

问题提出:人体内有哪些脂类?

1. 脂肪:即甘油三脂,它是由 1 分子甘油与 3 个分子脂肪酸通过酯键相结合而成。人体内脂肪酸种类很多,生成甘油三脂时可有不同的排列组

合,因此,甘油三脂具有多种形式。贮存能量和供给能量是脂肪最重要的生理功能。1克脂肪在体内完全氧化时可释放出38kJ(9.3kcal),比1克糖原或蛋白质所放出的能量多两倍以上。脂肪组织是体内专门用于贮存脂肪的组织,当机体需要时,脂肪组织中贮存在脂肪可动员出来分解供给机体能量。此外,脂肪组织还可起到保持体温,保护内脏器官的作用。

植物油也是脂肪

2.类脂:包括磷脂、糖脂和胆固醇及其酯三大

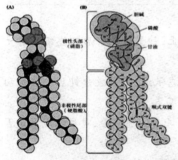

磷脂分子具有亲水性头部和疏水性尾部

类。磷脂是含有磷酸的脂类,包括由甘油构成的甘油磷脂和由鞘氨醇构成的鞘磷脂。糖脂是含有糖基的脂类。这三大类类脂是生物膜的主要组成成分,构成疏水性的"屏障",分隔细胞水溶性成分和细胞器,维持细胞正常结构与功能。此外,胆固醇还是脂肪酸盐和维生素D3以及类固醇激素合成的原料,对于调节机体脂类物质的吸收,尤其是脂溶性维生素(A,D,E,K)的吸收以及钙磷代谢等均起着重要作用。

问题提出:脂类有什么功能?

1.最佳储能方式

体内的两种能源物质比较:

单位重量的供能:糖4.1千卡/克,脂9.3千卡/克。

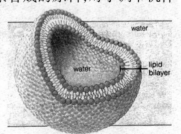

形成细胞膜的磷脂分子疏水性尾部藏在内部,亲水性头部露在外面。

储存体积:1 糖元或淀粉:2 水,脂则是纯的,体积小得多。

动用先后:糖优先。

2.生物膜骨架组成成分

细胞膜的液态镶嵌模型:细胞膜是由磷脂双分子层构成,具有一定的流动性,有选择透过性功能,磷脂内镶嵌着蛋白质,起载体作用。

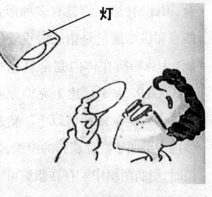

灯

对着灯光观察脂肪亮点

3.脂肪组织有保温,防机械压力等保护功能,还有固定内脏作用,如肠系膜。

动手做一做

脂肪鉴定

1. 将一滴菜油滴在滤纸上,静置数分钟后把滤纸向着光源,观察滤纸是否有透明亮点。

2. 将少许猪油涂在另一滤纸上,静置数分钟后把滤纸向着光源,观察滤纸是否有透明亮点。

3. 用清水、葡萄糖溶液等重复上述实验,观察滤纸上是否留下透明亮点。

4. 脂肪会在滤纸上留下半透明的亮点。

知识讲解

> **遗传控制者——核酸**

核酸发现史

1869 年,F·米歇尔从脓细胞中提取到一种富含磷元素的酸性化合物,因存在于细胞核中而将它命名为"核质"。核酸这一名词于米歇尔的发现 20 年后才被正式启用。早期的研

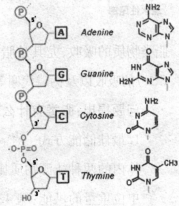

四种脱氧核苷酸组成脱氧核苷酸链

究仅将核酸看成是细胞中的一般化学成分,没有人注意到它在生物体内有什么功能这样的重要问题。

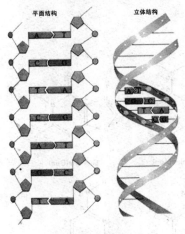

DNA 双螺旋结构

核酸化学成分

核酸是生物体内的高分子化合物。核酸由一个个基本单位——核苷酸头尾相连而形成的。单个核苷酸是由碱基、戊糖和磷酸三部分构成的。

碱基:构成核苷酸的碱基分为嘌呤和嘧啶二类,前者主要指腺嘌呤(A)和鸟嘌呤(G),后者主要指胞嘧啶(C)、胸腺嘧啶(T)和尿嘧啶(U),戊糖:分为脱氧核糖与核糖,两者的差别只在于脱氧核糖中某一碳原子连结的不是羟基(– OH)而是氢(– H),这一差别使 DNA 在化学上比 RNA 稳定得多。

核苷:是戊糖与碱基之间以糖苷键相连接而成。

核苷酸:核苷中的戊糖的一个碳原子与磷酸化合形成核苷酸。核苷酸分为核糖核苷酸与脱氧核糖核苷酸两大类。

核酸分类

天然存在的核酸可分为:脱氧核糖核酸(DNA)核糖核酸(RNA),DNA由脱氧核苷酸组成,RNA 由核糖核苷酸组成。

DNA 与 RNA 化学成分区别在于戊糖和碱基,前者的戊糖是脱氧核糖,后者的戊糖是核糖;前者碱基是 A、T、G、C,后者碱基是 A、U、G、C,也就是说 T 只存在于 DNA 中,U 则只存在于 RNA 中,其它两者共有。

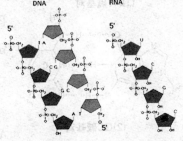

DNA(双链)和 RNA(单链)结构比较

DNA 贮存细胞所有的遗传信息,是物种保持进化和世代繁衍的物质基础。RNA 中参与蛋白质合成,有三类:转移 RNA(tRNA)、核糖体 RNA(rRNA)和信使 RNA(mRNA)。

核酸结构

核酸的一级结构

核酸是由核苷酸聚合而成的生物大分子。核酸中的核苷酸以 3′,5′磷酸二酯键构成无分支结构的线性分子。核酸链具有方向性,一个末端称为 5′末端,含磷酸基团,另一个末端称为 3′末端,含羟基。

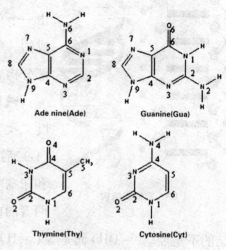

Ade nine(Ade)　　Guanine(Gua)

Thymine(Thy)　　Cytosine(Cyt)

核酸的一级结构

DNA 二级结构——双螺旋结构。DNA 双螺旋模型的提出不仅揭示了遗传信息稳定传递中 DNA 半保留复制的机制,而且是分子生物学发展的里程碑。

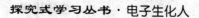

(1)AT碱基对

(2)GC碱基对

碱基配对原则

DNA 双螺旋结构特点如下:①两条 DNA 互补链反向平行。②由脱氧核糖和磷酸间隔相连而成的亲水骨架称为主链,在螺旋分子的外侧,而疏水的碱基对称为侧链,在螺旋分子内部,碱基平面与螺旋轴垂直。③两条 DNA 链依靠彼此碱基之间形成的氢键而结合在一起。

碱基互补配对原则:嘌呤与嘧啶配对,即 A 与 T 相配对,形成 2 个氢键;G 与 C 相配对,形成 3 个氢键。

DNA 三级结构——超螺旋结构

DNA 三级结构是指 DNA 链进一步扭曲盘旋形成超螺旋结构。

DNA 的四级结构——DNA 与蛋白质形成复合物

在真核生物中其基因组 DNA 要比原核生物大得多,因此真核生物基因组 DNA 通常与蛋白质结合,经过多层次反复折叠,压缩近 10000 倍后,以染色体形式存在于平均直径为 $5\mu m$ 的细胞核中。

线性双螺旋 DNA 折叠的第一层次是形成核小体。犹如一串念珠,核小体由组蛋白核心和盘绕在核心上的 DNA 构成。DNA 组装成核小体其长度约缩短 7 倍。在此基础上核小体又进一步盘绕折叠,最后形成染色体。

小资料:双螺旋结构模型的发现

20 世纪 50 年代,世界上有三个小组正在进行 DNA 生物大分子的分析研究,他们分属于不同派别,竞争非常激烈。结构学派,主要以伦敦皇家学院的威尔金斯和富兰克林为代表;生物化学学派是以美国加州理工学院鲍林为代表;信息学派,则以剑桥大学的沃森和克里克为代表。

结构学派的威尔金斯是新西兰物理学家,他的贡献在于选择了 DNA 作为研究生物大分子的理想材料,并在方法上

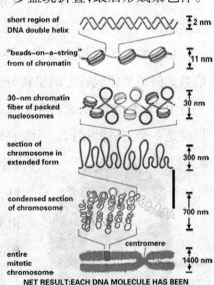

DNA 螺旋化变成染色体

采取"X 射线衍射法"。他和他的同事获得了世界上第一张 DNA 纤维 X 射线衍射图,证明了 DNA 分子是单链螺旋的,并在 1951 年意大利生物大分子学术会议上报告了他们的研究成果。沃森参加了那次会议,并受到很大启发。

结构学派的另一位代表人物是富兰克林,她是一位具有卓越才能的英国女科学家。她根据 DNA 的 X 射线衍射照片,推算 DNA 分子呈螺旋状,并定量测定了 DNA 螺旋体的直径和螺距;同时,她已认识到 DNA 分子不是单链,而是双链同轴排列的。

沃森和克里克与他们的双螺旋结构模型

生物化学学派的代表鲍林是美国著名的化学家。致力于研究 DNA、蛋白质等生物大分子在细胞代谢和遗传中如何相互影响及化学结构。

信息学派的沃森和克里克主要研究信息如何在有机体世代间传递及该信息如何被翻译成特定的生物分子。

自 1951 年开始,沃森和克里克先后建立了三个 DNA 分子模型。第一个模型是一个三链的结构。这是在对实验数据理解错误的基础上建立的,最终失败。但他们并不气馁,继续搜集材料,查阅资料,富兰克林的 DNA 的 X 射线衍射照片,查尔加夫的 DNA 化学成分的分析都曾给沃森和克里克很大启示。他们建立的第二个模型是一个双链的螺旋体,糖和磷酸骨架在外,碱基成对的排列在内,碱基是以同配方式即 A 与 A,C 与 C,G 与 G,T 与 T 配对。由于配对方式的错误,这个模型同样宣告失败。尽管这次又失败了,但他们从中总结了不少有益的经验教训,为成功地建立第三个模型打下了基础。

女科学家富兰克林

1953年2月20日,沃森灵光一现,放弃了碱基同配方案,采用碱基互补配对方案,终于获得了成功。沃森和克里克又经过三周的反复核对和完善,3月18日终于成功地建立了DNA分子双螺旋结构模型,并于4月25日在英国的《自然》杂志上发表。

　　从沃森和克里克的成功,我们不难发现,现代科学的创举决非一两个人所能办到的,他们必须采百家之长,充分借鉴别人的成功经验和理论,勤于思考,勇于探索,在掌握先进的科学方法后,有高明正确的科学思想指导才能成功。

基因突变

　　基因突变是指染色体某一位点上发生的改变,又称点突变。发生在生

基因与DNA

白虎是基因突变的结果

殖细胞中的基因突变所产生的子代将出现遗传性改变。发生在体细胞的基因突变,只在体细胞上发生效应,而在有性生殖的有机体中不会造成遗传后果。突变在自然状态下可以产生,也可以人为地实现。前者称为自发突变,后者称为诱发突变。自发突变通常频率很低,每10万个或1亿个生殖细胞在每一世代才发生一次基因突变。诱发突变是指用诱变剂所产生的人工突变。

突变的分子基础是核酸分子的变化。基因突变只是一对或几对碱基发生变化。其形式有碱基对的置换,如 DNA 分子中 A – T 碱基对变为 T – A 碱基对;另一种形式是移码突变。由于 DNA 分子中一个或少数几个核苷酸的增加或缺失,使突变之后的全部遗传密码发生位移,变为不是原有的密码子,结果改变了基因的信息成分,最终影响到有机体的表现型。

染色体、DNA 与基因关系

染色体由蛋白质和 DNA 链有机结合而成,一般一条染色体中有一个 DNA 分子。

基因是具有遗传效应的 DNA 片段,是控制性状的基本遗传单位,一个 DNA 分子含有很多的基因。

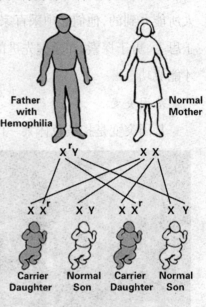

儿女染色体来源于父母双亲

DNA 与亲子鉴定

DNA 是人体遗传的基本载体,每个人体细胞有 23 对(46 条)成对的染色体,其分别来自父亲和母亲。父母各自提供的 23 条染色体,在受精后相互配对,构成了 23 对(46 条)孩子的染色体。如此循环往复构成生命的延续。由于人体约有 30 亿个核苷酸构成整个染色体系统,除同卵双胞胎以外,没有任何两个人具有完全相同的核苷酸序列,这就是人的遗传多态性。尽管遗传多态性的存在,但每一个人的染色体必然也只能来自其父母,这就是 DNA 亲子鉴定的理论基础。

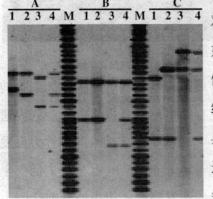

DNA 电泳与亲子鉴定

从血液、腮腔细胞、组织细胞样本和精液样本中提取 DNA,用特殊的酶将 DNA 样本切成小片段,用电泳的方法将 DNA 片断分离——最小的移动最远,最大的移动最近。然后利用特别的染料,在 X 光的环境下,便显示特殊的黑色条码,小孩的这种肉眼可见的条码很特别——一半与母亲的吻合,一半与父亲的吻合。如果与父亲和母亲的不相符,就不是亲生的了。

健康维护者——维生素

问题与探究

维生素有什么作用?

了解维生素

维生素(vitamin)又名维他命,是维持人体生命活动必需的一类有机物质,也是保持人体健康的重要活性物质。人体犹如一座极为复杂的化工厂,不断地进行着各种生化反应,其反应的进行需要酶的催化作用,酶要产生活性,必须有辅酶参加。已知许多维生素是酶的辅酶或者是辅酶的组成分子,因此,维生素是维持和调节机体正常代谢的重要物质。

我国人群普遍缺乏维生素A

维生素在体内的含量很少,但在人体生长、代谢、发育过程中却发挥着重要的作用。维生素不会产生能量,它的作用主要是参与机体代谢的调节。人体对维生素的需要量很小,但一旦缺乏就会引发相应的维生素缺乏症,对人体健康造成损害。维生素是个庞大的家族,就目前所知的维生素就有几十种,大致可分为脂溶性和水溶性两大类。前者包括维生素 A、

D、E、K，后一类包括维生素 B 族和维生素 C，以及许多"类维生素"。

问题与探究

为什么有人晚上视物不清？

某人最近晚上视物不清，而以前是正常的，可能患了夜盲症。

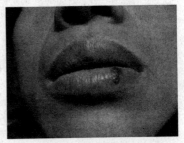

缺乏维生素 B 会发生唇炎

夜盲症俗称"雀蒙眼"，在夜间或光线昏暗的环境下视物不清，行动困难，从他的情况来看，基本上是暂时性夜盲，是由于饮食中缺乏维生素 A 或因某些消化系统疾病影响维生素 A 的吸收，致使视网膜杆状细胞没有合成视紫红质的原料而造成夜盲。

维生素 A 缺乏治疗：服用维生素 A、D 丸或乳剂，食用维生素含量丰富的食物，如动物肝、胡萝卜、肉、乳类和蛋类等，很快就会痊愈。

问题与探究

经常口腔溃疡是什么疾病？

某人经常口腔溃疡，吃饭时犹如受罪，到医院去诊治，医生给他配了维生素 B 族，嘱咐他坚持服用就不会经常性口腔溃疡了。维生素 B 族是何神药，有如此功效？

维生素 B 族不是什么神药，日常食物中就含有，是某些维生素的总称，有时也被称为维生素 B 或维生素 B 复合群。维生素 B 在体内滞留的时间只有数小时，必须每天补充。B 族是所有人体组织必不可少的维生素，是食物释放能量的关键。全是辅酶，参与体内糖、蛋白质和脂肪的代谢，因此被列为一个家族。所

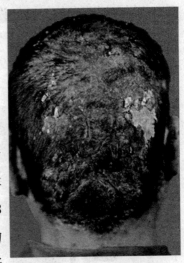

脂溢性皮炎与缺乏维生素 B 有关

有的维生素 B 必须同时发挥作用,称为 VB 的融合作用,单独摄入某种 VB,由于细胞的活动增加,从而使对其它 VB 的需求跟着增加,所以各种 VB 的作用是相辅相成的,所谓"木桶原理"。维生素 B 还具有调节新陈代谢,维持皮肤和肌肉的健康,增进免疫系统和神经系统的功能,促进细胞生长和分裂(包括促进红血球的产生,预防贫血发生)。

糙米中富含维生素 B,常吃糙米可预防脚气病

缺乏维生素 B 的话会引起唇炎(溃烂、干裂、化脓、结痂),舌炎(舌呈紫红色,有红点或红斑,舌乳头肿胀,伴裂隙、疼痛),口角炎(乳白色糜烂、破裂、伴烧灼或痛感),脂溢性皮炎,脚气病、腹泻,等。

维生素 B 缺乏治疗:口服维生素 B 复合群,少食精白米,多食用动物肝脏、瘦肉、啤酒酵母,蛋类,海产品等富含维生素 B 的食物。

问题与探究

远洋船员为什么易的坏血病?

1734 年,在开往格陵兰的海船上,有一个船员得了严重的坏血病,当时这种病无法医治,其它船员只好把他抛弃在一个荒岛上。待他苏醒过来,用野草充饥,几天后他的坏血病竟不治而愈了。诸如此类的坏血病,曾夺去了几十万水手的生命。

船员为什么会不治而愈呢?

原来古代远洋海船上没有新鲜蔬菜和水果,船员没有及时补充维生素 C,当

古代远洋轮船由于缺乏新鲜蔬菜,船员多患坏血病。

新鲜的柑桔富含维生素 C

体内 VC 不足,微血管容易破裂,血液流到邻近组织。这种情况在皮肤表面发生,则产生淤血、紫癜;在体内发生则引起疼痛和关节涨痛,严重情况在胃、肠道、鼻、肾脏及骨膜下面均可有出血现象,乃至死亡,这就是坏血病。当船员被抛弃在荒岛上后以野草充饥,而新鲜野草中含有丰富的维生素 C,当补充维生素 C 后,坏血病自然痊愈了。

维生素 C 其它功效:

预防动脉硬化:可促进胆固醇的排泄,防止胆固醇在动脉内壁沉积,甚至可以使沉积的粥样斑块溶解。

维生素 C 是一种水溶性的强有力的抗氧化剂。可以保护其它抗氧化剂,如维生素 A、维生素 E、不饱和脂肪酸,防止自由基对人体的伤害。

治疗贫血:使难以吸收利用的三价铁还原成二价铁,促进肠道对铁的吸收,提高肝脏对铁的利用率,有助于治疗缺铁性贫血。

新鲜桔子中维生素 C 含量很高

防癌:VC 的抗氧化作用可以抵御自由基对细胞的伤害防止细胞的变异;阻断亚硝酸盐和仲胺形成强致癌物亚硝胺。曾有人对因癌症死亡病人解剖发现病人体内的 VC 含量几乎为零。

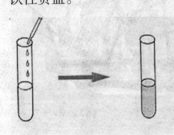

维生素 C 鉴定实验示意图:往装有维生素 C 的试管中滴加硝酸银

保护细胞、解毒,保护肝脏:在人的生命活动中,保证细胞的完整性和代谢的正常进行至关重要。为此,谷胱甘肽和酶起着重要作用。

提高人体的免疫力:白细胞含有丰富的 VC,当机体感染时白细胞内的 VC 急剧减少。VC 某些白细胞的杀菌能力。促进干扰素的产生,干扰病毒 mRNA 的转录,抑制病毒的增生。

维生素 C 缺乏治疗:多食绿叶蔬菜及新鲜水果,口服维生素 C,保持口腔清洁,防治继发感染,补充铁剂,有严重贫血者予以输血。

动手做一做

脂肪鉴定

在盛有 2ml 维生素 C 溶液的试管内加入几滴 0.5% 硝酸银溶液,振荡试管,观察混合液的颜色变化。

如混合液变成银灰色,则证明试管内有维生素 C。

我们已经学习了食物中各种营养素检验的方法,那么现在给你一些食物,如面粉、马铃薯、梨、豆浆和花生等,让你检验里面含有哪些营素,你会怎么做?

问题与探究

佝偻病为什么南方比北方多?

在南方,1 岁一下婴幼儿,发生的佝偻病的比率为 20～30%,在北方就更高了高达 20～45%,是什么因素导致南北患佝偻病比例有差异呢?

原来维生素 D 的主要功能是调节体内钙、磷代谢,维持血钙和血磷的水平,从而维持牙齿和骨骼的正常生长就发育。儿童缺乏维生素 D,易发生佝偻病。维生素 D 有维生素 D2 和维生素 D3 两种,以 D3 为最重要。D3 源于动物,为紫外线照射人与动物皮肤后,由皮肤内的胆固醇转化而成,

鱼肝油中维生素 D 含量最丰富

生命科学

维生素D有助于钙的吸收,现在你知道娃哈哈钙奶中为什么要添加维生素D了吧?

D2 源于植物,为紫外线照射麦角固醇形成。

北方日照时间比南方少,而且阳光中紫外线含量比南方少,所以患佝偻病的比例高。

维生素 D 缺乏症:佝偻病常见于 6 个月至 2 岁小儿,有多汗、睡眠不安、易激动、肌肉松弛、腹大、气胀和便秘;维生素 D 缺乏会影响钙的吸收,所以会出现颅骨软化、肋骨串珠样畸形、肋骨软化、鸡胸、全身生长发育迟缓症状。

成人软骨病表现为骨骼疼痛和压痛,多见于载重部位;活动受限,行走呈鸭步,大腿的内收肌经常处于痉挛状态,易发生骨折,身材日趋缩短,或出现手足搐搦。

维生素 D 缺乏治疗:补充维生素 D,同时补充钙剂;适当日光浴,阳光中的紫外线有助于人体合成维生素 D。动物的肝、奶及蛋黄中含量较多,尤以鱼肝油含量最丰富,多食此类食物。

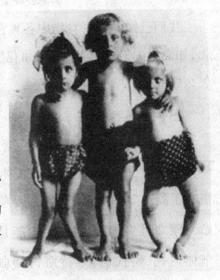

佝偻病儿童

问题与探究

维生素 E 能抗衰老吗?

维生素 E 能抵抗自由基的侵害,被誉为血管清道夫,具有延缓衰老、提高免疫力的作用,是为数不多的能够真正应用于人类抗衰老的抗氧化剂。同时,维生素 E 还能辅助治疗一些老年疾病,如对高血脂、动脉硬化、更年期障碍等具有一定疗效;而且还有"后代支持者"之称,它促进男性产生有

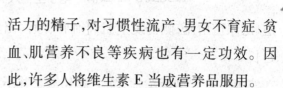

缺乏维生素 E 称为健康伴侣,但摄入过多也有副作用的。

活力的精子,对习惯性流产、男女不育症、贫血、肌营养不良等疾病也有一定功效。因此,许多人将维生素 E 当成营养品服用。

长期服用大剂量维生素 E 可引起各种疾病。其中较严重的有:血栓性静脉炎或

杏仁中维生素 E 含量比较高

肺栓塞,或两者同时发生,这是由于大剂量维生素 E 可引起血小板聚集和形成;血压升高,停药后血压可以降低或恢复正常;男女两性均可出现乳房肥大;头痛、头晕、眩晕、视力模糊、肌肉衰弱;皮肤豁裂、唇炎、口角炎、荨麻疹等。

维生素 E 缺乏治疗方法:口服维生素 E,但如果多服会出现反胃,胃肠气胀,腹泻和心脏急速跳动的不良反应。多食富含维生素 E 的食物,如坚果(包括杏仁、榛子和胡桃)、向日葵籽、玉米、冷压的蔬菜油、包括玉米、红花、大豆、和小麦胚芽(最丰富的一种)、菠菜、甘薯和山药。

问题与探究

维生素 K 有什么作用?

维生素 K 具有促进凝血的功能,故又称凝血维生素,防止内出血和痔疮。

若缺乏会引起鼻衄、牙龈渗血,皮肤、消化

蛋黄中富含维生素 K

生命科学

道、泌尿道出血,侧可发生肌肉血肿、颅内出血等;血液检查凝血酶原时间延长。

维生素 K 缺乏治疗:维生素 K 缺乏并不常见,若缺乏可口服维生素 K3 或 K4,肌内注射或静脉滴注维生素 K1。富含维生素 K 的食物是酸奶酪、蛋黄、海苔等。

问题与探究

维生素多多益善吗?

有些人认为维生素是营养素,摄入是"多多益善"。人需要维生素越多越好吗? 答案是否定的。合理营养的关键在于"适度"。过多摄入某些维生素,对身体不仅无益反而有害。

糙米南瓜饭既好吃又营养

小资料:维生素的发现

维生素的发现是 20 世纪的伟大发明之一。1897 年,C. 艾克曼在爪哇发现只吃精磨的白米即可患脚气病,未经碾磨的糙米能治疗这种病。并发现可治脚气病的物质能用水或酒精提取,当时称这种物质为"水溶性 B"。

维他命源

1906 年证明食物中含有除蛋白质、脂类、碳水化合物、无机盐和水以外的"辅助因素",其量很小,但为动物生长所必需。1911 年 C. 丰克鉴定出在糙米中能对抗脚气病的物质是胺类(一类含氮的化合物),它是维持生命所必需的,所以建议命名为"Vitamine"。即 Vital(生命的)amine(胺),中文意思为"生命胺"。以后陆续发现许多维生素,它们的化学性质不同,生理功能不同;也发现许多维生素根本不含胺,不含氮,但丰克的命名延续使用下来了,只是将最后字母"e"去掉。

知识讲解

生命之源——水

水是组成生物体的重要成分,如下图所示,不同种类的生物体内的含水量各不相同。人体细胞的重要成分是水,水占成人体重的60~70%。人体不同器官的含水量也不同。

水是生命的源泉。人对水的需要仅次于氧气。人如果不摄入

人体70%是水,没有水就没有生命

某一种维生素或矿物质,也许还能继续活几周或带病活上若干年,但人如果没有水,却只能活几天。由此可见,水对人的生存是多么重要。

问题提出:水在体内有什么作用?

1. 水可溶解各种营养物质,脂肪和蛋白质等要成为悬浮于水中的胶体状态才能被吸收;水在血管、细胞之间川流不息,把氧气和营养物质运送到组织细胞,再把代谢废物排出体外。总之,人的各种代谢和生理活动都离不开水。

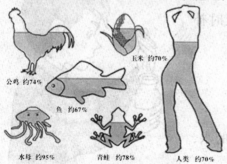

公鸡 约74%
玉米 约70%
鱼 约67%
水母 约95%
青蛙 约78%
人类 约70%

各种生物体的含水量

2. 水在体温调节上有一定的作用。当人呼吸和出汗时都会排出一些水分。比如炎热季节,环境温度往往高于体温,人就靠出汗,使水分蒸发带

走一部分热量,来降低体温,使人免于中暑。而在天冷时,由于水贮备热量的潜力很大,人体不致因外界温度低而使体温发生明显的波动。

3. 水还是体内的润滑剂。它能滋润皮肤。皮肤缺水,就会变得干燥失去弹性,显得面容苍老。体内一些关节囊液、浆膜液可使器官之间免于摩擦受损,且能转动灵活。眼泪、唾液也都是相应器官的润滑剂。

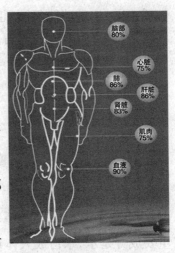

人体各组织器官的含水量

4. 水是世界上最廉价最有治疗力量的奇药。矿泉水和电解质水的保健和防病作用是众所周知的。主要是因为水中含有对人体有益的成分。当感冒、发热时,多喝开水能帮助发汗、退热、冲淡血液里细菌所产生的毒素;同时,小便增多,有利于加速毒素的排出。

此外,大面积烧伤以及发生剧烈呕吐和腹泻等

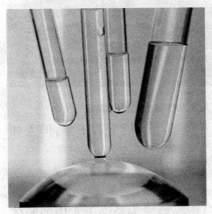

观察水的颜色

症状,体内大量流失水分时,都需要及时补充液体,以防止严重脱水,加重病情。

动手做一做　研究水的特性

A. 在一透明容器中倒入一定量的水,观察水的颜色、性状和味道。

B. 准备好两个容器,一个贴上标签 A,

闻液体气味的正确方法

里面装有糖和水的混合物;另一个贴上标签 B,装有沙子和水的混合物。大幅度摇晃容器 10 分钟,然后观察发生的现象,记下接下来 5 分钟内混合物发生的变化。

C. 准备好两个量筒,每个量筒首先装好 25 毫升的水,然后在其中一个量筒中加入 25 毫升的外用酒精,另一个量筒中加入 25 毫升的植物油。大幅度晃动一下,观察每个量筒内发生的现象。

除了蒸馏水,它们还有洁净的栖身之所吗?
——请关注水环境污染!

地球优质水资源正在枯竭

D. 准备好一些纸、一个叉子、一个水杯或烧杯,还有一些纸巾。然后预测一下把纸放在水里会发生什么现象?学生把纸通过叉子上的弹簧轻轻地划入水面。尽量在水的表面上放多些纸,记下纸的数目。

实验结论:

在水与酒精、水与植物油的互溶实验中,我们发现:酒精能够完全溶解在

当你面对这么浑浊的水,你如何去净化它?

水中并形成溶液,而植物油不能溶解在水中,只能乳化,即植物油分散成无数细小的液滴浮在水中,而不聚集成大的油珠,形成乳浊液。这个结果说明了水有什么特性?根据上述其它实验结果,我们可以得出水有哪些特性?

生命科学

水是一种没有颜色、没有味道、没有气味、透明的液体；水会流动、水有浮力、水占据空间、水是呈中性的、能溶解其他物质。

动手做一做　　脏水净化实验

如果你身处恶劣的野外生活环境中，如何才能获得必需的干净饮用水呢？我们通过做以下实验，就可以知道一般的处理办法。

材料准备：

容量 1.5 升的塑料瓶 1 只、吸管 1 根、滤纸、木炭粉、细沙、砂砾、碎石、棉花、杯子、泥浆水。

实验步骤：

1. 剪去塑料瓶底。在瓶盖上打孔，插入吸管。

2. 盖好瓶盖；将瓶子倒放；依次一层层放入棉花、碎石，砂砾。细沙、木炭粉，最后盖上滤纸；慢慢倒入泥浆水。瓶口吸管中流出的是经过过滤的净水。

实践应用：当你身处野外没有干净水源时，你能用哪些方法净化水？

木炭粉
细　沙
砂　砾
碎　石
棉　花

水净化实验示意图

人体新陈代谢

知识讲解

化学键与能量

问题提出：维持生命活动的是什么形式的能量？

在自然界中能量的形式多种多样，如光能、热能、电能、机械能和化学

生命科学

自然界中的能量形式有很多，如风能等。

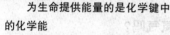
为生命提供能量的是化学键中的化学能

能等。在生命体系中，只有化学能可以被直接作为用来做功的能源，而其他形式的能量则是起激发生物体做功的作用。例如，它们可以分别激发动物的平衡感觉、视觉、温觉、痛觉和味觉等。

提供给生物体做功的化学能，可以来自因水解等化学反应而造成生物分子化学键断裂产生的能量，也可以来自因离子浓度梯度变化而得到的能量。

对生物体来说，储藏在化学键中的能量是一种重要的自由能。所谓自由能，就是能够用来做功的能量。食物中的自由能有相当一部分是以热的形式散发出去，这些热不能再被用来做功。不管怎么说，所有形式的能量最终都要转化为热能，因此能量的测度通常采用热的单位，如千焦（kJ）、千卡（kcal）。

问题提出：为生物体直接供能的是什么物质？

ATP 是生命活动能量的直接来源，ATP 又叫三磷酸腺苷，它是一种含有高能磷酸键的高能磷酸化合物。

高能磷酸化合物是指水解时释放的能量在 20.92 kJ/mol（千焦每摩尔）以上的磷酸化合物，ATP 水解时释放的能量高达 30.54 kJ/mol。ATP 的分子式可以简写成 A – P ~ P ~ P。

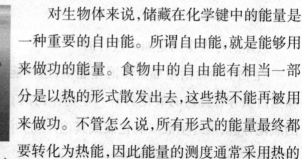

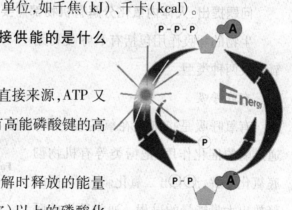
ATP 与 ADP 相互转换过程中伴随着能量的释放和储存，为生命活动提供直接能量。

生命科学

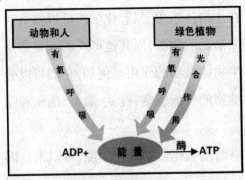

自然界中产生 ATP 的生理活动

简式中的 A 代表腺苷,P 代表磷酸基团,~ 代表一种特殊的化学键,叫做高能磷酸键。ATP 的水解实际上是指 ATP 分子中高能磷酸键的水解,形成 ADP,A－P～P 和磷酸基团,当 A－P～P 和磷酸基团再次获得能量时,又会合成 A－P～P～P。高能磷酸键水解时能够释放出大量的能量,ATP 分子中大量的化学能就储存在高能磷酸键中。

问题与探究

人体内呼吸作用是如何进行的?

生物的生命活动都需要消耗能量,这些能量来自生物体内糖类、脂类和蛋白质等有机物的氧化分解。生物体内的有机物在细胞内经过一系列的氧化分解,最终生成二氧化碳或其他产物,并且释放出能量的总过程,叫做呼吸作用(又叫生物氧化)。

问题提出:人体内氧化分解有机物都需要氧气吗?

生物的呼吸作用包括有氧呼吸和无氧呼吸两种类型。

有氧呼吸

有氧呼吸是指细胞在氧的参与下,通过酶的催化作用,把糖类等有机物彻底氧化分解,产生出二氧化碳和水,同时释放出大量能量的过程。通常所说的呼吸作用就是指有氧呼吸。

细胞进行有氧呼吸的主要场所是线

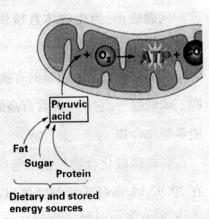

呼吸作用产生 ATP 示意图

粒体。一般说来,葡萄糖是细胞进行有氧呼吸时最常利用的物质。

有氧呼吸的全过程,可以分为三个阶段:第一个阶段,一个分子的葡萄糖分解成两个分子的丙酮酸,在分解的过程中产生少量的氢(用[H]表示),同时释放出少量的能量。这个阶段是在细胞质基质中进行的;第二个阶段,丙酮酸经过一系列的反应,分解成二氧化碳和氢,同时释放出少量的能量。这个阶段是在线粒体中进行的;第三个阶段,前两个阶段产生的氢,经过一系列的反应,与氧结合而形成水,同时释放出大量的能量。这个阶段也是在线粒体中进行的。

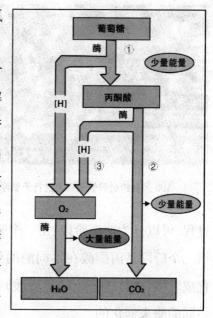

葡萄糖在细胞内的线粒体中彻底氧化成二氧化碳和水。

以上三个阶段中的各个化学反应是由不同的酶来催化的。在人体内,1mol 的葡萄糖在彻底氧化分解以后,共释放出 2870kJ 的能量,其中有 1161kJ 左右的能量储存在 ATP 中,其余的能量都以热能的形式散失了。

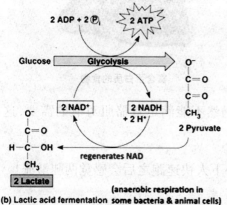

无氧呼吸过程示意图

无氧呼吸

人体内的某些组织细胞在无氧条件下能够进行另一类型的呼吸作用——无氧呼吸。

无氧呼吸一般是指细胞在无氧条件下,通过酶的催化作用,把葡萄糖等有机物质分解成为不彻底的氧化产

探究式学习丛书·电子生化人

生命科学

100米赛跑时骨骼肌需要进行无氧呼吸

物,同时释放出少量能量的过程。这个过程对于高等植物、高等动物和人来说,称为无氧呼吸。如果用于微生物(如乳酸菌、酵母菌),则习惯上称为发酵。

细胞进行无氧呼吸的场所是细胞质基质。无氧呼吸的全过程,可以分为两个阶段:第一个阶段与有氧呼吸的第一个阶段完全相同;第二个阶段是丙酮酸在不同酶的催化下,分解成酒精和二氧化碳,或者转化成乳酸(人体内产生的是乳酸)。以上两个阶段中的各个化学反应是由不同的酶来催化的。

在无氧呼吸中,葡萄糖氧化分解时所释放出的能量,比有氧呼吸释放出的要少得多。例如,1mol 的葡萄糖在分解成乳酸以后,共放出 196.65kJ 的能量,其中有 61.08kJ 的能量储存在 ATP 中,其余的能量都以热能的形式散失了。

人体在剧烈运动时,尽管呼吸

富含蛋白质的食物

运动和血液循环都大大加强了,但是仍然不能满足骨骼肌对氧的需要,这时骨骼肌内就会出现无氧呼吸。

实践应用:请你用上述知识解释一下人快速跑之后会感觉两腿酸胀!

问题与探究

人体内如何合成蛋白质?

蛋白质消化

氨基酸

人体吸收氨基酸示意图

人体摄入的蛋白质并不能被人体直接吸收,人食用了食物后,其中的蛋白质先在胃和肠道中消化,也就是被分解成 20 种氨基酸,氨基酸再被肠道吸收进血液。

人体的各种组织、脏器的细胞都能利用氨基酸合成各种特定的蛋白质,合成的方法不过是将特定数量的氨基酸以特定的顺序和方式连接起来。

蛋白质在人体内合成的场所是一种叫核糖体的细胞器。蛋白质合成过程分为两步:转录和翻译。

蛋白质合成就是将各种氨基酸按一定的顺序排列起来,这个顺序不是随意的,每一种蛋白质的氨基酸都有特定的排列顺序,这个顺序是由 DNA 中的遗传信息决定的。DNA 存在在细胞核内,不能到细胞质里来,而蛋白质合成场所却是在细胞质的核糖体上,所以,在蛋白质合成之初要将 DNA 中的遗传信息提取出来,送到细胞质中,提取 DNA 的遗传信息的物质称为信使 RNA(mRNA),这个过程称为转录。

mRNA 上的碱基的排列顺序与 DNA 上的碱基的排列顺序是互补的,当 mRNA 携带了 DNA 的遗传信息后从细胞核内出来进入到细胞质内,与核糖体结合,在核糖体上按照每三个碱基对应一个氨基酸的方式,将碱基的排列

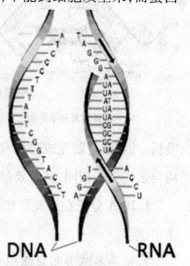

DNA   RNA

转录过程示意图

顺序转变为氨基酸的排列顺序。这个过程称为翻译,碱基排列顺序翻译成氨基酸排列顺序的还需要另一种物质 tRNA。当 mRNA 携带的遗传信息全部转变成氨基酸的排列顺序后,即形成了多肽链,然后多肽链折叠成特定的空间结构,就转变成蛋白质了。

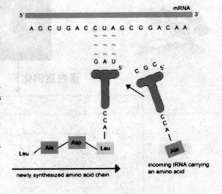

翻译过程示意图

问题与探究

人体内如何复制 DNA?

DNA 复制是指 DNA 双链在细胞分裂以前进行的复制过程,复制的结果是一条双链变成两条一样的双链(如果复制过程正常的话),每条双链都与原来的双链一样。这个过程是通过名为半保留复制的机制来得以顺利完成的。

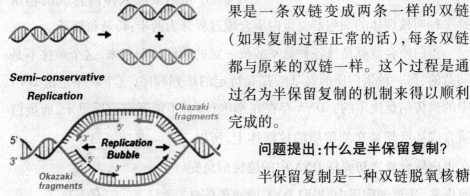

半保留复制示意图

问题提出:什么是半保留复制?

半保留复制是一种双链脱氧核糖核酸(DNA)的复制模型,其中亲代双链分离后,每条单链均作为新链合成的模板。因此,复制完成时将有两个子代 DNA 分子,每个分子的核苷酸序列均与亲代分子相同,其主要过程如下:

1.DNA 分子在解旋酶作用下解旋,两条链中间的碱基对分开,形成两条单链。

2.每一条链上所暴露出来的碱基各自与一个游离于核中的互补脱氧核糖核苷酸碱基相连,即链上的 A 和游离的 T 通过 2 个氢键相连,链上的

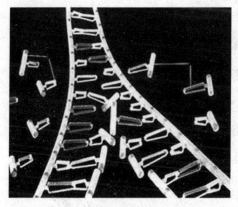

DNA 复制示意图

G 和游离的 C 通过 3 个氢键相连。

3. 在 DNA 聚合酶催化作用下,这些新连接的脱氧核糖核苷酸依靠磷酸二酯键与相邻脱氧核糖核苷酸连接成新链,新链与旧链再形成双螺旋结构。

但事实上 DNA 的复制过程要比想像的复杂得多。

人体内信息传导

问题与探究

人类对外界刺激作出反应的结构基础是什么?

人类对外界刺激作出反应的是反射活动,其结构基础称为反射弧,包括感受器、传入神经、神经中枢、传出神经和效应器。简单地说,反射过程是如下进行的:一定

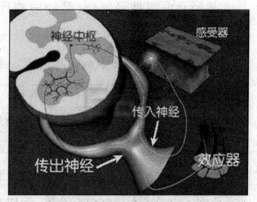

反射弧模式图

的刺激按一定的感受器所感受,感受器发生了兴奋;兴奋以神经冲动的方式经过传入神经传向中枢;通过中枢的分析与综合活动,中枢产生兴奋;中枢的兴奋过程;中枢的兴奋过程又经一定的传出神经到达效应器,使效应器发生相应的活动。如果中枢发生抑制,则中枢原有的传出冲动减弱或停止。

生命科学

传入神经和神经中枢受损,则不会有反射活动,也不会有感觉,如脊髓受损而下肢瘫痪的病人,刺激下肢皮肤没有感觉也没有膝跳反射。若传出神经受损,人能感受到刺激,但无法作出反应,因为神经冲动能传到神经中枢进行分析,但发出指令的通道断开,所以无法作出反应了。

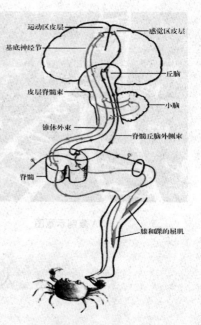

运动区皮层　感觉区皮层
基底神经节
丘脑
皮层脊髓束
小脑
锥体外束
脊髓丘脑外侧束
脊髓
膝和踝的屈肌

问题与探究

人体神经细胞如何感知刺激并传导刺激的?

问题提出:神经元结构是怎样的?

神经元也叫神经细胞,是构成神经系统结构的基本单位。神经元是具有长突起的细胞,它由细胞体和细胞突起构成。

当你被螃蟹咬住趾甲时,你先有痛觉还是先作出甩脚动作?

细胞体位于脑、脊髓和神经节中,细胞突起可延伸至全身各器官和组织中。细胞体是细胞含核的部分,其形状

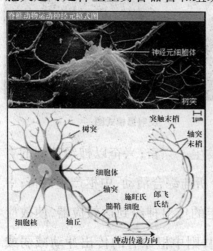

脊椎动物运动神经元模式图

神经元细胞体
树突

突触末梢
轴突末梢

1 μm

树突
细胞体
轴突
施旺氏细胞
郎飞氏结
细胞核
轴丘
冲动传递方向

神经细胞及其模式图

大小有很大差别,直径约 4~120 微米。核大而圆,位于细胞中央。细胞突起是由细胞体延伸出来的细长部分,又可分为树突和轴突。每个神经元可以有一或多个树突,可以接受刺激并将兴奋传入细胞体。每个神经元只有一个轴突,可以把兴奋从胞体传送到另一个神经元或其他组织,如肌肉或腺体。

问题提出:神经元如何产生兴奋?

神经元在静息的时候,细胞内还有

生命科学

较多的负电荷,而细胞外含有较多的正电荷,维持一种"内负外正"的状态。当神经元某一部位受到刺激后,受刺激的部位正电荷迅速向内流,造成局部"内正外负"状态,兴奋部位与未兴奋部位之间形成电位差,导致电荷移动,产生神经冲动。神经冲动其实就是生物电的传导。在一个神经元上,神经冲动可以双向传递的。

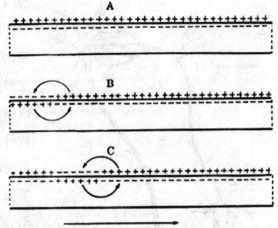

神经细胞兴奋产生及传导示意图

问题提出:神经兴奋如何实现单向传导的?

神经冲动实现单向传递依赖于一种称之为突触的结构。突触是一个神经元与另一个神经元或其他细胞相接触的部位。神经元之间的联接方式只是相互接触,而无细胞质的相互沟通。突触具有特殊的结构,是神经元之间或神经元与其他细胞之间在机能上发生联系的部位,是信息传递和整合的关键部位。

一个突触包含突触前膜、突触间隙与突触后膜。突触前膜是轴突末端突触小体的膜,突触后膜是突触后神经元与突触前膜相对应部分的膜。突触前膜与突触后膜之间存在的间隙称为突触间隙。突触前膜内含有突触小泡,突触小

Path of a Nerve Impulse

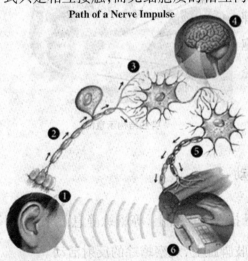

神经冲动传递示意图

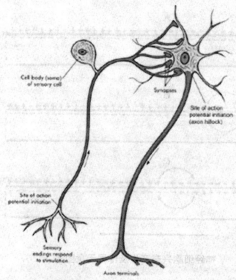

神经细胞连接方式：一个神经元的轴突末端与另一个神经元的胞体或树突相连

一个神经元的轴突末梢可分出许多末梢突触小体，它可以与多个神经元的胞体或树突形成突触。因此，一个神经元可通过突触影响多个神经元的活动；同时，一个神经元的胞体或树突通过突触可接受许多神经元传来的信息。

泡内含有高浓度的神经递质。当一个神经元的神经冲动传到突触后膜，突触后膜的通透性发生改变，将突触小泡释放到突触间隙，然后释放触神经递质，与突触后膜上一种特殊蛋白质——受体结合，从而改变突触后膜对离子的通透性，引起突触后神经元的变化，产生神经冲动，或者发生抑制。突触后膜内没有突触小泡，所以神经冲动不能从突触后膜传向突触前膜，保证了神经冲动传导的单向性。

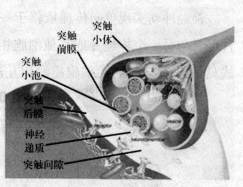

突触结构示意图

动手做一做　　蟾蜍的反射活动

1. 用细线穿过蟾蜍下颌，将其悬挂在铁架台上，等蟾蜍静息下来后，用蘸有稀硫酸的滤纸片贴在蟾蜍的后肢脚趾上，观察蟾蜍的反射活动。

2. 损毁脑和脊髓：以左手持蟾蜍，将其腹面朝向手心，前肢夹在食指和中指之间固定,后肢夹在无名指和小指之间固定,并用拇指按压蟾蜍头部使之下俯 30 ~ 40 度角;然后右手持金属探针沿蟾蜍头部的中线下划,可触及一凹陷处即为枕骨大孔。将探针从枕骨大孔垂直刺入 1 ~ 1.5mm,再向前刺入颅腔,左右搅动(可感觉到探针与颅骨壁的碰击),破坏脑组织;再将探

损毁蟾蜍的枕骨大孔

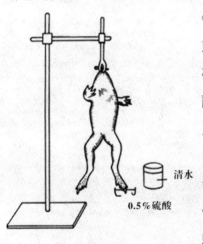

清水

0.5% 硫酸

实验示意图

针退回至进针处,但不拔出而是转向后方刺入椎管,破坏脊髓。如果蟾蜍中枢神经破坏完全,其全身肌肉则完全松弛。然后蘸有稀硫酸的滤纸贴在蟾蜍的后肢脚趾上,观察蟾蜍会不会发生反射活动。

3. 切除大脑:取另一只蟾蜍,在枕骨处切除蟾蜍的头部,去除大脑的控制,悬挂于铁架台上,用蘸有稀硫酸的滤纸片贴在蟾蜍的后肢脚趾上,观察蟾蜍会不会发生反射活动。

生化技术与人体健康

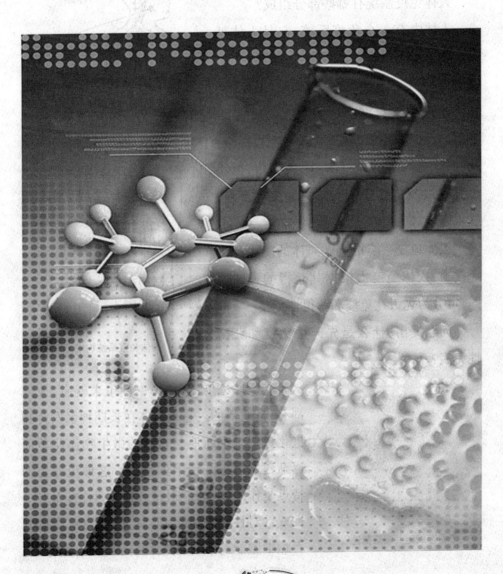

生命科学

人体免疫系统

问题与探究

人体免疫系统有哪些部分组成？

人体内有一个免疫系统，它是人体抵御病原菌侵犯最重要的保卫系统。这个系统由免疫器官（骨髓、胸腺、脾脏、淋巴结、扁桃体、小肠集合淋巴结、阑尾等）、免疫细胞（淋巴细胞、单核吞噬细胞、中性粒细胞、嗜碱粒细胞、嗜酸粒细胞、肥大细胞、血小板等），以及免疫分子（补体、免疫球蛋白、细胞因子等）组成。

人体免疫系统抵抗病原体的能力称为免疫力，人体免疫力根据其获得的方式不同，可分为先天性免疫和获得性免疫。

问题提出：什么是先天性免疫和获得性免疫？

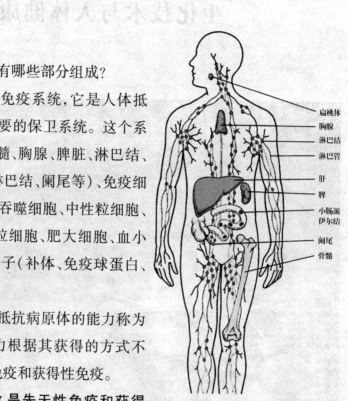

人体免疫系统构成

扁桃体
胸腺
淋巴结
淋巴管
肝
脾
小肠派
伊尔结
阑尾
骨髓

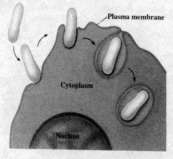

Plasma membrane

Cytoplasm

Nucleus

吞噬细胞吞噬细菌过程

先天性免疫：这种免疫性生来就有，人人都有，是遗传的。它是机体在长期种系发育和进化过程中不断地与入侵的微生物作斗争而逐渐建立起来并传给后代的。这种免疫力的特点是作用广泛，能对抗多种微生物，无专一性或针对性，故又称为非特异性免疫。例如，吞噬细胞能对多种微生物有吞噬、清除作用。

生命科学

这种免疫力作用来得快,较稳定,如果侵入的微生物数量多,或毒性大时,就可能抵挡不住了。

获得性免疫:这种免疫性是出生后在生活过程中,由于自然感染了某种传染病,或人工接种疫苗后自动产生;或从母体或其他个体获得了抗体而被动产生的。这种免疫是后天获得的,其作用来得慢而范围狭,有专一性或针对性,故又称为特异性免疫,其免疫力较强。例如,儿童得过麻疹愈后,可终身不会再得麻疹;接种麻疹疫苗后获得的抗麻疹免疫力也可维持数年,但抗麻疹免疫力无法抵抗流感、乙肝等其它病原体。

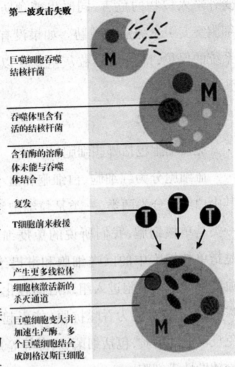

第一波攻击失败

巨噬细胞吞噬结核杆菌

吞噬体里含有活的结核杆菌

含有酶的溶酶体未能与吞噬体结合

复发

T细胞前来救援

产生更多线粒体

细胞核激活新的杀灭通道

巨噬细胞变大并加速生产酶。多个巨噬细胞结合成朗格汉斯巨细胞

免疫系统的反击

问题提出:免疫系统如何对付病原体?

先天性免疫和获得性免疫在对付入侵的病原体时,它们并不各自为政或分庭抗礼,而是互相配合协同作战的。例如,当伤寒杆菌侵入后,首先由先天性免疫(如补体、吞噬细胞等)对付,等到体内产生抗伤寒抗体和免疫淋巴细胞(获得性免疫因素),就与补体和吞噬细胞(先天免疫因素)协同作用,清除体内伤寒杆菌。

问题提出:人体的免疫系统肩负着怎样的重任?

人体的免疫系统像一支精密的军队,24小时昼夜不停地保护着我们的健康。它是一个了不起的杰作!在任何一秒内,免疫系统都能协调调派不计其数、不同职能的免疫"部队"从事复杂的任务。它不仅时刻保护我们免

生命科学

受外来入侵物的危害,同时也能预防体内细胞突变引发癌症的威胁。如果没有免疫系统的保护,即使是一粒灰尘就足以让人致命。

问题与探究

免疫细胞包括哪些细胞?

血细胞分为红细胞、白细胞和血小板,其中白细胞分为两类,一类是粒细胞系统,一类是单核细胞,我们所说的免疫细胞就是指单核细胞中的巨噬细胞和淋巴细胞。血液中的单核细胞进入组织后即转化为巨噬细胞,主要功能为吞噬抗原(能引起人体免疫反应的物质,包括细菌、病毒等等),促进免疫应答,并将抗原信息传递给辅助性 T 细胞。

小小针尖上有这么多细菌,我们周围的细菌该有多少啊!如果没有免疫系统保护我们,人受得了吗?

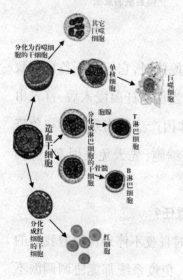

免疫细胞的形成

问题提出:什么是淋巴细胞?

T 淋巴细胞和 B 淋巴细胞属于淋巴细胞,两者都是免疫系统的主要细胞,占白细胞总数的40%。淋巴细胞主要在胸骨、肋骨、脊椎、骨盆和四肢的骨髓内生成,T 细胞是免疫大军的战地司令官,时刻在身体的各个角落警惕巡视、筹划并指令打击侵略者,随时发现并释放淋巴因子杀死细菌、病毒、癌细胞,并通报全身免疫系统,发布需用哪类武器灭敌的信号,因此 T 细胞又称杀伤细胞。B 细胞是 T 细胞统帅下的战士并根据指令产生特异性抗体和抗

生命科学

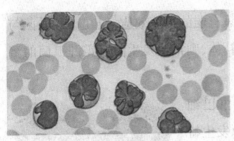

T 细胞

毒素。必要时，T 细胞可指令产生大量 B 细胞。危急状态下，B 细胞可"变脸"为 T 细胞，战斗结束后又恢复正常。B 细胞"个子"比 T 细胞大，只能生存数天至数周，而小型 T 细胞却可存活数月至数年，B 细胞具有前赴后继的优秀品质，每一个 B 细胞只能完成一项使命，如一个 B 细胞产生阻断伤风病毒感染的抗体，而另一个 B 细胞产生的抗体则对准导致肺炎的细菌细胞的靶心。

NK 细胞(natural killer cell，自然杀伤细胞)是与 T、B 细胞并列的第三类群淋巴细胞。NK 细胞数量较少，NK 细胞杀伤的靶细胞主要是肿瘤细胞、病毒感染细胞、较大的病原体(如真菌和寄生虫)、同种异体移植的器官、组织等。

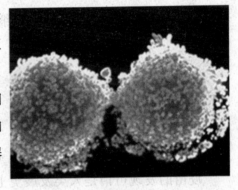

B 细胞

问题与探究

什么是免疫分子？

免疫分子是各种免疫细胞产生的一种协助消灭病原体的物质，有人把免疫分子比喻成免疫细胞的弹药。

正常人体的血液、组织液、分泌液等体液中含有多种具有杀伤或抑制病原体的物质，主要有补体、溶菌酶、防御素等。这些物质称为非特意性免疫分子，它们直接杀伤病原体的作用不如吞噬细胞强大，往往只是配合其它抗菌

溶菌酶的作用

因素发挥作用。例如补体对霍乱弧菌只有弱的抑菌效应,但在霍乱弧菌与其特异抗体结合的复合物中若再加入补体,则很快发生溶解霍乱弧菌的溶菌反应。

另外,免疫系统受抗原刺激后,B 淋巴细胞转化为浆细胞,由浆细胞产生与抗原发生特异性结合的免疫分子——抗体,这类为抗体就是免疫球蛋白。免疫球蛋白本身并不能消灭病原体,每种免疫球蛋白只是对相应的抗原有特异性的结合作用,抱成一团,使抗原(病原体)凝集、沉淀或溶解,协助免疫细胞消灭它们。

抗体结构模式图

生命科学

疫 苗

疫苗的发现可谓是人类发展史上意见具有里程碑意义的事件。控制传染性疾病最主要的手段就是预防,而接种疫苗被认为是最行之有效的措施。

问题与探究

什么是疫苗?

疫苗是将病原微生物(如细菌、立克次氏体、病毒等)及其代谢产物,经过人工减毒、灭活等方法制成的用于预防传染病的自动免疫制剂。疫苗保留了病原体刺激人体免疫系统

有了疫苗,就好像给人打造了一个护体金钟罩。

的特性,而不会对动物体产生伤害。当人体接种这种疫苗后,免疫系统便会产生一定的保护物质,如抗体等;当人体再次接触到这种病原体时,人体的免疫系统便会依循其原有的记忆,制造更多的保护物质来对抗病原体的伤害。这就好像一个护体金钟罩,阻挡病菌的侵犯。

但疫苗发挥作用离不开人体的免疫系统,它是在人体免疫系统的基础上进行强化,而且是一对一的,一种疫苗只能预防一

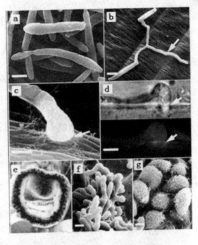

能使人致病的各种病原体

种疾病。比如乙肝疫苗只能预防乙肝,对天花却无能为力。婴儿从出生到成年要接种不下十种的疫苗,如脊髓灰质炎疫苗,百日咳疫苗等。有些疫苗接种一次就可以终生免疫了,而有些要间隔接种几次才能巩固免疫力。

我国宋朝时就发明了种牛痘预防天花的方法,但最后却没有发扬光大。而天花的征服者却是英国的琴纳。

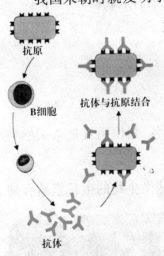

抗原

B细胞

抗体与抗原结合

抗体

外界抗原刺激淋巴细胞产生抗体,抗体与抗原结合并沉淀,抗体与抗原同归于尽。

实验探究:琴纳与天花疫苗

琴纳是英国18世纪的一位乡村医生,他发现,凡是得过天花,生过麻子的人,就不会再得天花。琴纳还发现挤牛奶的工人很少患天花,于是猜想其中必有奥妙。他去问挤奶女工,挤奶女工告诉他,牛也会生天花,只是在牛的皮肤上出现一些小脓疱,叫牛痘。挤奶女工给患牛痘的牛挤奶,也会传染而起小脓疱,但很轻微,一旦恢复正常,挤奶女工就不再得天花病了。他想,或许得过一次天花,人体就产生免疫力了。挤奶女工得

生命科学

生命科学

了一次轻微的天花,就有了对天花的免疫力了。他开始研究用牛痘来预防天花,终于想出了一种方法,从牛身上获取牛痘脓浆,接种到人身上,使之像挤奶女工那样也得轻微的天花,从此就不患天花了。

人接触过奶牛的牛痘,人就获得了预防天花的抗体,以后就不会再感染天花了。

1796年5月的一天,琴纳从一位挤奶姑娘的手上取出微量牛痘疫苗,接种到一个8岁男孩的胳臂上。不久,种痘的地方长出痘疱,接着痘疱结痂脱落。一个多月后,琴纳在这个男孩胳臂上再接种人类的天花痘浆,竟没有出现任何天花病征。试验证明:这个男孩已经具有抵抗天花的免疫力,琴纳的假设被证实了,琴纳为搞清这个男孩还会不会得天花,又把天花病人的脓液移植到他肩膀上,这样做要冒很大风险的,但事实证明,这个男孩没有再得天花。人类从此获得了抵御天花的有效武器。

抗 生 素

提起抗生素,几乎没有一个人不知道它的大名,其作用就是杀灭感染我们的微生物,最终达到治疗疾病目的。

很早以前,人们就发现某些微生物对另外一些微生物的生长繁殖有抑制作用,把这种现象称为抗生。随着科学的发展,人们终于揭示出抗生现象的本质,从某些微生物体内找到了具有抗生作用的物质,并把这种物质称为抗生素。所以人们把由某些微生物在生活过程中产生的,对某些其他病原微

生命科学

生物具有抑制或杀灭作用的一类化学物质称为抗生素。由于最初发现的一些抗生素主要对细菌有杀灭作用,所以一度将抗生素称为抗菌素。但是随着抗生素的不断发展,陆续出现了抗病毒、抗衣原体、抗支原体,甚至抗肿瘤的抗生素也纷纷发现并用于临床,显然称为抗菌素就不妥,还是称为抗生素更符合实际了。但能抗细菌的抗生素不能抗病毒。

几种常见的抗生素:罗红霉素,先锋霉素,庆大霉素。

说到抗生素,最熟悉的一种就是青霉素,一说到青霉素就不能不提一个人——弗莱明,青霉素的发现者。

实验探究:抗生素的发现

1928 年的一天,弗莱明在他的一间简陋的实验室里研究导致人体发热的葡萄球菌。由于盖子没有盖好,他发觉培养细菌用的琼脂上附了一层青霉菌。这是从楼上的一位研究青霉菌的学者的窗口飘落进来的。使弗莱明感到惊讶的是,在青霉菌的近旁,葡萄球菌却

大名鼎鼎的青霉素

不见了。这个偶然的发现激起了弗莱明的好奇心,他将培养皿拿到显微镜下观察,证实在霉花附近的葡萄球菌 确实已经都死掉了。他马上着手对这种霉菌进行研究,证实它的确具有很强的杀菌能力,即使稀释到 1000 倍后,仍具有杀菌的能力。弗莱明据此发现第一种抗生素—青霉素。

1929 年,弗莱明发表了学术论文,报告了他的发现。在文中,他将青霉

生命科学

弗莱明就是在这简陋的实验室里发现了青霉素。

菌分泌的这种极具杀菌力的物质起名为"盘尼西林",即"青霉素"。但当时未引起重视,而且青霉素的提纯问题也还没有解决。

1935 年,英国牛津大学生物化学家钱恩和物理学家弗罗里对弗莱明的发现大感兴趣。钱恩负责青霉菌的培养和青霉素的分离、提纯和强化,使其抗菌力提高了几千倍,弗罗里负责对动物观察试验。至此,青霉素的功效得到了证明。

由于青霉素的发现和大量生产,拯救了千百万肺炎、脑膜炎、脓肿、败血症患者的生命,及时抢救了许多的伤病员。青霉素的出现,当时曾轰动世界。为了表彰这一造福人类的贡献,弗莱明、钱恩、弗罗里于 1945 年共同获得诺贝尔医学和生理学奖。

事实解说:抗生素的丰功伟绩

正是由于抗生素的发现,人类才找到了对付细菌的利器,人类不再害怕结核杆菌、肺炎球菌等许许多多的致病菌。正是由于抗生素的使用,使人类的平均寿命在短短半个世纪里增加了整整 10 年。

问题提出:滥用抗生素会产生什么后果?

人们治疗由细菌引起的疾病时,应用抗生素确有特效。但凡事都有两面性,抗生素也不例外,滥用抗生素会出现我们不愿意看到的后果:细菌抗药性的增强。

显微镜下的青霉菌

　　滥用抗生素的另一个危害是导致菌群失调。正常人类的身体中,往往都含有一定量的正常菌群,他们是人们正常生命活动的有益菌,比如:在人们的口腔内、肠道内、皮肤上都含有一定数量的人体正常生命活动的有益菌群,他们参与人身体的正常代谢。同时,在人体的躯体中,只要这些有益菌群的存在,其他对人体有害的菌群是不容易在这些地方生存

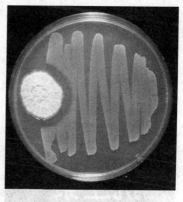

在青霉素周围细菌无法生长

的。而人们在滥用抗生素的同时,抗生素是不能识别对人类有益还是有害菌群的,他们在铲除有害菌群的同时,连同有益菌群也一起灭掉的情况。这样,其他的有害菌就更容易在此繁殖。从而形成了"二次感染",这往往会要导致应用其他抗生素无效,死亡率很高。

　　抗生素如同一把双刃剑,用之科学合理,可以为人类造福,不恰当则要危害人类的健康。

　　有人说我少用抗生素,或小病不用,我体内的细菌就不会产生抗药性。这种认识大错特错了。因为我们得病主要是外界病菌入侵我们身体,你不用抗生素,但别人滥用,入侵你身体的细菌可能已经具有了抗药性,你用抗生素效果就不明显了。

　　问题提出:细菌抗药性如何产生?

　　细菌会发生基因突变,能产生抵抗抗生素的基因,虽然这个比例很低,大约一亿分之一以下,但由于细菌数量以几十亿、上百

抗生素正在消灭细菌（带帽为抗药个体）

抗生素对抗药个体无能为力,抗药个体得以幸存。

抗药个体通过分裂产生的后代也具有抗药性。

抗生素对这些抗药个体束手无策了

细菌抗药性产生过程示意图

生命科学

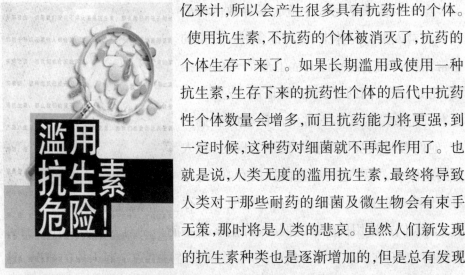

滥用抗生素后果不堪设想

亿来计,所以会产生很多具有抗药性的个体。使用抗生素,不抗药的个体被消灭了,抗药的个体生存下来了。如果长期滥用或使用一种抗生素,生存下来的抗药性个体的后代中抗药性个体数量会增多,而且抗药能力将更强,到一定时候,这种药对细菌就不再起作用了。也就是说,人类无度的滥用抗生素,最终将导致人类对于那些耐药的细菌及微生物会有束手无策,那时将是人类的悲哀。虽然人们新发现的抗生素种类也是逐渐增加的,但是总有发现赶不上滥用的步伐的时候——当细菌和微生物被人类的抗生素锻炼成金刚不坏之身的时候,人们还用什么对付它们呢?

问题提出:个人不滥用抗生素体内细菌就不会产生抗药性?

其实我们每天都生活在人类滥用抗生素的环境里。因为动物也会感染细菌,感染后不仅影响健康而且生长慢,所以禽畜及水产品养殖户为了使养殖产品生长快,在饲料中添加抗生素,这跟人滥用抗生素的后果一样,导致细菌抗药性增强。这些抗生素会残留在动物体内,人食用这些产品,等于在服用抗生素,你想想后果会多严重。比如:很多的养鸡专业户,到处用不法渠道从医院和医药公司收购大量过期待销

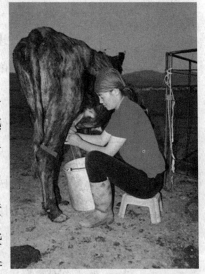

为了让奶牛减少患病并加快奶牛生长,在牛身上使用抗生素,挤出来的牛奶中也含有了抗生素,人喝这种牛奶就等于在服用抗生素。

毁的抗生素和激素类药品,每天都定时拆开来倒在一个盆子里,往成群的鸡舍里抛洒,结果有的鸡雏能捡食好几片。大量的抗生素和激素类药品使得小鸡在短短的34天就出栏上了人们的餐桌。还有,为了让奶牛多产奶,给牛服用大量抗生素,牛奶中会含有大量抗生素,很多知名品牌牛奶现在都在打无抗奶牌子。

可以这么说,我们几乎每天有意无意都在接触抗生素,对于我们的健康来说可不是一件好事!

小知识:抗生素的惊人数据

以葡萄球菌为例,它是最常见的感染的病原菌。在1941年,所有这种细菌都可以被青霉素杀死。到1944年,已经有了能产生分解青霉素的酶的菌株出现。到今天,95%的葡萄球菌菌株都对青霉素有一定程度的抗药性。60年代中发明了一种人工半合成的青霉素,甲氧青霉素,能杀死这些抗药菌株。然而,细菌又同样演变成抗甲氧青霉素的抗药性菌株,需要开发更新的药。80年代开始用于临床的环丙沙星,曾经使人们抱有很大希望,但是现在有80%的葡萄球菌对它已有抗药性。

60年代,大多数淋病病例是比较容易用青霉素控制的,即使是抗药菌株,用氨苄青霉素也还是有效的。现在已有75%的淋球菌株产酶灭活氨苄青霉素。这些变化有些是标准的染色体突变和自

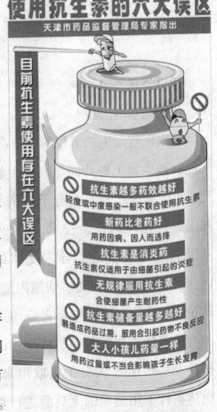

使用抗生素的六大误区
天津市药品监督管理局专家指出

目前抗生素使用存在六大误区

🚫 **抗生素越多药效越好**
轻度或中度感染一般不联合使用抗生素

🚫 **新药比老药好**
用药因药、因人而选择

🚫 **抗生素是消炎药**
抗生素仅适用于由细菌引起的炎症

🚫 **无规律服用抗生素**
会使细菌产生耐药性

🚫 **抗生素储备量越多越好**
易造成药品过期,服用会引起药物不良反应

🚫 **大人小孩儿药量一样**
用药过量或不当会影响孩子生长发育

普通大众对抗生素使用存在很多误区

生命科学

然选择的结果。

如果某种抗生素已经用了足够剂量而未能控制病情,再次加大剂量就不如换另一种抗生素。避免长期使用抗生素,每天一粒青霉素曾经是心脏瓣膜有病时预防感染的标准治疗方案,然而已经证明有很大可能选出抗药性菌株。不幸的是,我们因为吃了喂过抗生素的动物的肉类或鸡蛋或牛奶而经常接触小剂量抗生素面临选出抗药性菌株的风险。

科学家们预测,在不久的将来,一种超级细菌将会出现,人类现有的抗生素对它束手无策。如果这一天真的出现,人类将如何拯救自己?

基 因 工 程

问题与探究

什么是基因工程?

基因工程是生物工程的一个重要分支,它和细胞工程、酶工程、蛋白质工程和微生物工程共同组成了生物工程。所谓基因工程是在分子水平上对基因进行操作的复杂技术,是将外源基因通过体外重组后导入受体细胞内,使这个基因能在受体细胞内复制、转录、翻译表达的操作。它是用人为的方法将所需要的某一供体生物的遗传物质——DNA 大分子提取出来,在离体条件下用适当的工具酶进行切割后,把它与作为载体的 DNA 分子连接

转基因生物会不会是怪物?

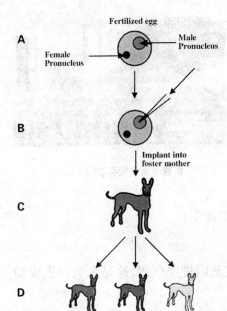

A

Female Pronucleus

Fertilized egg

Male Pronucleus

B

Implant into foster mother

C

D

GFP

Offspring

转基因操作过程示意图

起来,然后与载体一起导入某一更易生长、繁殖的受体细胞中,以让外源物质在其中"安家落户",进行正常的复制和表达,从而获得新物种的一种崭新技术。

问题提出:基因工程具体操作过程是怎样的?

1.获取目的基因是实施基因工程的第一步。

2.基因表达载体的构建是实施基因工程的第二步,也是基因工程的核心。

3.将目的基因导入受体细胞是实施基因工程的第三步。

4.目的基因导入受体细胞后,是否可以稳定维持和表达其遗传特性,只有通过检测与鉴定才能知道。

问题提出:基因工程走过了怎样的历程?

1866年,奥地利遗传学家孟德尔神父发现生物的基因遗传规律;

1868年,瑞士生物学家弗里德里希发现细胞核内存有酸性和蛋白质两个部分。酸性部分就是后来的所谓的DNA;

1882年,德国胚胎学家瓦尔特弗莱明在研究蝾螈细胞时发现细胞核内的包含有大量的分裂的线状物体,也就是后来的染色体;

遗传学之父——孟德尔

1944年,美国科学家格里菲斯证明DNA是大多数有机体的遗传原料,而不是蛋白质;

1953年,美国生化学家沃生和英国物理学家克里克宣布他们发现了DNA的双螺旋结果,奠下了基因工程的基础;

孟德尔当年做实验的花园

1980年,第一只经过基因改造的老鼠诞生;

1996年,第一只克隆羊多莉诞生;

1999年,科学家破解了人类第22组基因排序列图,这是人类首次成功地完成人体染色体完整基因序列的测定;

2003年,完成基因组测序。

科学探究:肺炎双球菌转化实验

肺炎双球菌能引起人的肺炎和小鼠的败血症。肺炎双球菌有两种不同的类型,一种是光滑型(S型)细菌,菌体外有多糖类的胶状荚膜,使它们可不被宿主正常的防护机构所破坏,具毒性,可使小鼠患败血症死亡,它们在培养基上形成光滑的菌落;另一种是粗糙型(R型),没有荚膜和毒性,不会使小鼠致死,形成的菌落边缘粗糙。

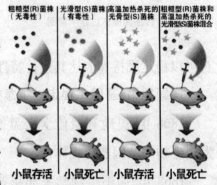

格里菲斯实验示意图(肺炎双球菌体内转化实验)

1928年,格里菲斯将R型活菌和加热杀死的S型细菌分别注入小鼠体内,小鼠健康无病。将加热杀死的S型细菌和活的R型细菌共同注射到小鼠中,不仅很多小鼠因败血症死亡,且从它们体内分离出活的S型细菌

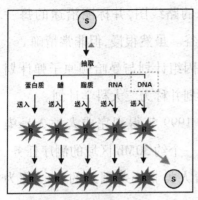

格里菲斯实验示意图（肺炎双球菌
体外转化实验）

这说明,加热杀死的 S 型细菌把某些 R 型细菌转化为 S 型细菌,S 型细菌有一种物质或转化因素进入了 R 型细菌,使之产生了荚膜,从而具备了毒性。

1944 年,艾弗里和他的同事经过 10 年努力,在离体条件下完成了转化过程,证明了引起 R 型细菌转化为 S 型细菌的转化因子是 DNA。他们把 DNA、蛋白质、荚膜从活的 S 型细菌中抽提出来,分别把每一成分跟活的 R 型细菌混合,然后培养在合成培养液中。他们发现,只有 DNA 能够使 R 型活菌转变为 S 型活菌,且 DNA 纯度越高,转化越有效。如果 DNA 经过 DNA 酶处理,就不出现转化现象。实验证明,DNA 是遗传物质,像这样一种生物由于获得另一生物的 DNA 而发生遗传性状改变的现象称为转化。

问题与探究

什么是人类基因组计划?

人类基因组计划（human genome project，HGP）是由美国科学家于 1985 年率先提出,于 1990 年正式启动的。美国、英国、法兰西共和国、德意志联邦共和国、日本和我国科学家共同参与了这一价值达 30 亿美元的人类基因组计划。这一计划旨在为 30 多亿个碱基对构成

人类基因组计划要发现所有人类基因并搞清其在染色体上的位置,破译人类全部遗传信息。

的人类基因组精确测序,发现所有人类基因并搞清其在染色体上的位置,破译人类全部遗传信息。打个比方,这一过程就好像以步行的方式画出从

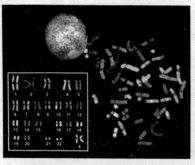

我国承担第 3 号染色体短臂上某一区域的测序任务（框中第 3 个）

北京到上海的路线图,并标明沿途的每一座山峰与山谷。虽然很慢,但非常精确。

人类基因组计划与曼哈顿原子弹计划和阿波罗计划并称为三大科学计划。

我国于 1999 年得到完成人类 3 号染色体短臂上一个约 30Mb 区域的测序任务,该区域约占人类整个基因组的 1% ,称为"1%计划"。

问题提出:什么是基因组,为什么要研究人类基因组?

基因组就是一个物种中所有基因的整体组成。人类只有一个基因组,大约有 3 ~ 5 万个基因。

基因						
启动子	外显子	内含子	外显子	内含子	外显子	内含子 外显子 终止子

蛋白质编码区

基因结构示意图

人类基因组有两层意义:遗传信息和遗传物质。要揭开生命的奥秘,就需要从整体水平研究基因的存在、基因的结构与功能、基因之间的相互关系。

之所以选择人类的基因组进行研究? 因为人类是在"进化"历程上最高级的生物,对它的研究有助于认识自身、掌握生老病死规律、疾病的诊断和治疗、了解生命的起源。

人类基因组计划的目的是解码生命、了解生命的起源、了解生命体生长发育的规律、认识种属之间和个体之间存在差异的起因、认识疾病产生的机制以及长寿与衰老等生命现象、为疾病的诊治提供科学依据。

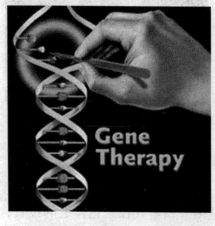

基因检测能够实现个性化健康管理

问题提出：人类基因组计划有什么意义？

有人将"人类基因组计划"和"曼哈顿的原子弹计划"、"阿波罗人类登月计划"一起被誉为20世纪科学史上三个里程碑，但"人类基因组计划"现实意义将远远超过后两者。

在揭开整个人类基因组的神秘面纱之后，医生就可以将带有我们遗传基因的溶液滴在生物芯片上以便查明我们是否患有可能致命的前列腺癌，或者确定病人所患白血病的类型，以便对症下药。

医生可以对我们的孩子的基因进行分析，以便按照他们罹患心脏病或阿耳茨海默氏病的可能性的高低进行排队。

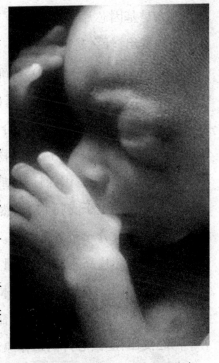

科学家会知道伤口愈合、婴儿的手指

基因检查能提早发现胎儿是否有遗传病

发育、秃顶形成或者额头出现皱纹时哪些基因在发挥作用，我们学会唱歌或者形成记忆时哪些基因在发挥作用，当我们体内的激素水平高涨或者我们被沉重的压力打垮时又是哪些基因在发挥作用——而且医生们将学会如何操纵和利用这些基因。想要孩子的人可以在怀孕之前预先对婴儿进行"设计"。

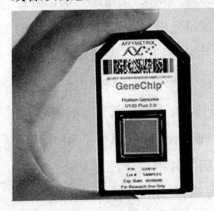

基因芯片

雇主在决定雇用你之前会首先了解你的遗传基因概况，如果他认为根据你的DNA结构，你可能不适合从事某项工作，他就会取消你的应聘资格。

生命科学

生命科学

问题与探究

什么是基因芯片？

问题提出：什么是基因芯片？

基因芯片（Gene Chip）准确的讲是指 DNA 芯片，它是在基因探针的基础上研制出的，所谓基因探针只是一段人工合成的碱基序列，在探针上连接一些可检测的物质，根据碱

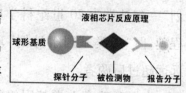

基因芯片工作原理

基互补的原理，利用基因探针到基因混合物中识别特定基因。基因芯片将大量探针分子固定于支持物上，然后与标记的样品进行杂交，通过检测杂交信号的强度及分布来进行分析。

由于基因芯片高速度、高通量、集约化和低成本的特点，继诞生以来就受到科学界的广泛关注，正如晶体管电路向集成电路发展的经历一样，分子生物学技术的集成化正在使生命科学的研究和应用发生一场革命。

问题提出：基因芯片的工作原理是什么？

基因芯片的工作原理与经典的核酸分子杂交方法（southern 、northern）

探针分子

是一致的，都是应用已知核酸序列作为探针与互补的靶核苷酸序列杂交，通过随后的信号检测进行定性与定量分析，基因芯片在一微小的基片（硅片、玻片、塑料片等）表面集成了大量的分子识别探针，能够在同一时间内平行分析大量的基因，进行大信息量的筛选与检测分析。

基因芯片（gene chip）的原型是 80 年代中期提出的。基因芯片的测序原理是杂交测序方法，即通过与一组已知序列的核酸探针杂交进行核酸序列测定的方法，在一块基片表面固

定了序列已知的八核苷酸的探针。当溶液中带有荧光标记的核酸序列 TATG-CAATCTAG,与基因芯片上对应位置的核酸探针产生互补匹配时,通过确定荧光强度最强的探针位置,获得一组序列完全互补的探针序列,据此可重组出靶核酸的序列。

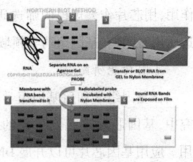

Northern blot 示意图

问题提出:基因芯片有什么用途?

临床疾病诊断

基因芯片在感染性疾病、遗传性疾病和肿瘤等疾病的临床诊断方面具

一滴血能够检测癌症

有独特的优势。与传统检测方法相比,它可以在一张芯片同时对多个病人进行多种疾病的检测;无需机体免疫应答反应,能及早诊断,待测样品用量小;能检测病原微生物的耐药性,病原微生物的亚型;极高的灵敏度和可靠性;检测成本低,自动化程度高,利于大规模推广应用。这些特点使得医务人员在短时间内,可以掌握大量的疾病诊断信息,这些信息有助于医生在短时间内找到正确的治疗措施。

药物筛选和新药开发

芯片技术具有高通量、大规模、平行性等特点可以进行新药的筛选,尤其对我国传统的中药有效成分进行筛选。目前,国外几乎所有的主要制药公司都不同程度地采用了基因芯片技术来寻找药物靶标,查检药物的毒性或副

药物开发实验室

作用,用芯片作大规模的筛选研究可以省略大量的动物试验,缩短药物筛选所用时间,在基因组药学领域带动新药的研究和开发。

基因功能研究

在基因组学和后基因组学研究中,基因芯片也起到重要的作用。应用基因芯片可以开展DNA测序、基因表达检测、基因突变性、基因功能研究、寻找新基因、单核苷酸多态性测定等研究。与传统的方法相比,基因芯片技术具有大规模平行处理的能力。

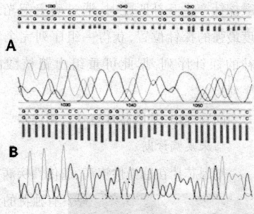

DNA 测序示意图

环境保护

在环境保护上,基因芯片也广泛的用途,一方面可以快速检测污染微生物或有机化合物对环境、人体、动植物的污染和危害,同时也能够通过大规模的筛选寻找保护基因,制备防治危害的基因工程药品、或能够治理污染源的基因产品。

利用基因芯片技术开发生物农药,生物农药迟早会取代化学农药。

农业和畜牧业

利用基因芯片技术,对有重要经济价值的农作物和水果等的基因组进行大规模高通量的研究,筛选农作物的基因突变,并寻找高产量、抗病虫、抗干旱、抗冷冻的相关基因,以开发高技术含量、高附加值的新产品。也可利用基因芯片技术筛选、开发高效低毒的生物农药。

问题与探究

能利用基因工程技术治疗疾病吗？

"基因治疗"概念

基因是"生命的设计图"，所以当基因因为突变、缺失、转移或是不正常的扩增而"出错"时，细胞制造出来的蛋白质数量或是形态就会出现问题，人体也就生病了。所以要治疗这种疾病最根本的方法，就是找出基因

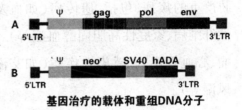

基因治疗的载体和重组DNA分子

与基因治疗有关的图片

发生"错误"的地方和原因，把它矫正回来，疾病自然就会痊愈了。

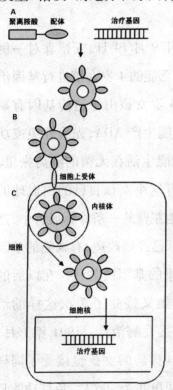

基因治疗过程示意图

所谓基因疗法，即是通过基因水平的操作来治疗疾病的方法。目前的基因疗法是先从患者身上取出一些细胞（如造血干细胞、纤维干细胞、肝细胞、癌细胞等），然后利用对人体无害的逆转录病毒当载体，把正常的基因嫁接到病毒上，再用这些病毒去感染取出的人体细胞，让它们把正常基因插进细胞的染色体中，使人体细胞就可以"获得"正常的基因，以取代原有的异常基因；接着把这些修复好的细胞培养、繁殖到一定的数量后，送回患者体内，这些细胞就会发挥"医生"的功能，把疾病治好了。

将外源的基因导入生物细胞内必须借助一定的技术方法或载体，腺病毒载体是目前基因治疗最为常用的病毒载体之一。基因治疗

的靶细胞主要分为两大类:体细胞和生殖细胞,目前开展的基因治疗只限于体细胞。基因治疗目前主要是治疗那些对人类健康威胁严重的疾病,包括:遗传病(如血友病、囊性纤维病、家庭性高胆固醇血症等)、恶性肿瘤、心血管疾病、感染性疾病(如艾滋病、类风湿等)。

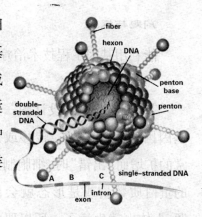

腺病毒及在基因工程中的作用示意图

基因治疗实例

美国医学家 W·F·安德森等人对腺甘脱氨酶缺乏症(ADA 缺乏症)的基因治疗,是世界上第一个基因治疗成功的范例。

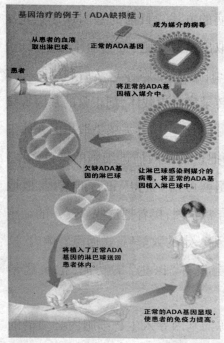

W·F·安德森等人对腺甘脱氨酶缺乏症(ADA 缺乏症)的基因治疗

1990 年 9 月 14 日,安德森对一例患 ADA 缺乏症的 4 岁女孩进行基因治疗。这个 4 岁女孩由于遗传基因有缺陷,自身不能生产 ADA,先天性免疫功能不全,只能生活在无菌的隔离帐里。他们将含有这个女孩自己的白血球的溶液输入她左臂的一条静脉血管中,这种白血球都已经过改造,有缺陷的基因已经被健康的基因所替代。在以后的 10 个月内她又接受了 7 次这样的治疗,同时也接受酶治疗。1991 年 1 月,另一名患同样病的女孩也接受了同样的治疗。两患儿经治疗后,免疫功能日趋健全,能够走出隔离帐,过上了正常人的生活,并进入普通小学上学。

继安德林之后,法国巴黎奈克儿童医院的费舍尔博士与卡波博士也对两例先天性免疫功能不全的患儿成功地进行了基因治疗。

20世纪90年代,科学家自信地宣布,基因治疗将是一场医学革命,它能让现在所谓的绝症不再是绝症。

问题提出:基因治疗真如科学家所预言的一样吗?

不是! 至少还不算是——经过900多项临床试验,科学家不得不承认,基因治疗发挥的作用让人失望;同时那些长期支持基因研究的投资商也抱怨到,基因治疗的进展比我们想象的要慢得多。

2005年3月,10个曾经接受基因治疗的儿童,成为法国新闻媒体的报道焦点。这10

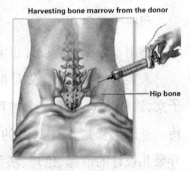

Harvesting bone marrow from the donor

Hip bone

骨髓移植可以治疗 ADA 缺乏症

个儿童的故事恰恰给人们对基因治疗抱有的巨大期待浇了一盆冷水。

从1999年到2002年期间,巴黎医院接纳了这10名患者,他们都患有一种少见的基因疾病——导致他们先天丧失免疫功能。尽管骨髓移植可以治疗这种疾病,但是很多患儿都找不到和身体匹配的骨髓捐献。于是医生们想到最治"根儿"的方法——植入正常的基因到患儿体内,修复有缺陷的免疫系统。

但是,事情发展得并不像理论上那么完美。医生发现,基因治疗有使细胞快速"增殖"的危险。Crystal 认为它们有可能变成致癌细胞。

Crystal 的担忧不幸被言中,最近,法国医生已经宣布,在这些接受治疗的

Vector binds to cell membrane

Vector (adenovirus)

Vector injects new gene into nucleus

Vector is packaged in vesicle

Vesicle breaks down releasing vector

Cell makes protein using new gene

Gene therapy using an adenovirus vector

U.S. National Library of Medicine

携带治疗基因的病毒载体插入患者 DNA 中,可以根治 ADA 缺乏症

儿童中,一名已经死亡,三分之一的人出现了类似白血病的征兆。

有专家认为,接受治疗的患儿出现类似白血病的症状是由于携带治疗基因的逆转录病毒载体插入了人类染色体上不合适的位置,启动了一个引起癌症的基因。

而新近发表在《自然》杂志上的文章颇具开创性,它提供了一种新思路——用蛋白质来修复受损或者问题基因,而不是用新基因来取代它们。

问题与探究

利用基因工程能设计出完美婴儿吗?

人类繁殖下一代,父母的基因会传给子女,遗传疾病也在这个过程之中代代相传。基因工程是设计基因的技术,如果抛开婴儿设计的道德、伦理、法律等非技术因素,我们完全可以想象基因技术创造完美人类的前景。

夫妻俩携带疾病基因,为生健康婴儿接受基因筛选。

自然生育的"人"类是不完美的,每个自然出生的"人"类都存在不同程度的"基因缺陷",自然分娩的孩子在基

完美婴儿(利用基因工程技术消除疾病基因的婴儿)在不久的将来会成为现实。

因世界里都是"病人",通过基因工程技术将缺陷基因用正常基因替换,那样的人将是完美的人。利用基因工程技术定制婴儿全凭父母的"酸甜苦辣"喜好,你定制什么模样性格的婴儿,医生就给你绘制什么样的婴儿完美蓝图。一个人的基因就是一个人的身份的象征,拥有良好的基因就拥有着美好的前景和未来。

如果我们来决定孩子的身高体重等种种

外貌特征，并且提前消除他可能出现的秃顶、肥胖、暴力等不利倾向。这的确是每个准爸爸准妈妈期待的事情。如果这样我们就不需要担心孩子会出现不健康的因素，至少可以保证"基因"上的完美。

问题提出：世界上有做过婴儿基因设计的实例吗？

那么，定制完美基因是不是可能呢？从纯技术的角度来说是具有可实现性的，并且目前已经出现过经过基因选择的婴儿。最早的选择性的婴儿算是亚当

婴儿亚当·纳什和他的姐姐

·纳什。但他的出生不是为了自己的美好前程，而是一出生就肩负着救治的重任。美国夫妇丽莎和杰克·纳什有一个六岁大的女儿莫莉，患有先天性免疫系统疾病，需要有合适的骨髓来治疗。于是夫妻两人采纳了专家"设计婴儿"的建议。在亚当还是胚胎时就被科学家从几个胚胎中按与姐姐莫莉相配的基因选择而生。

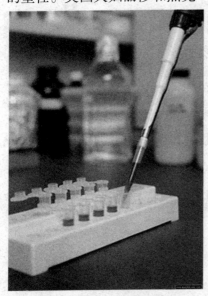

对婴儿进行基因检查可以了解胎儿的健康状况。

2002 年的 6 月，据美国芝加哥生育遗传研究所的科学家介绍，他们帮助来自纽约的一对夫妇成功怀孕，并生下一个没有利弗劳梅尼综合症的健康男婴。利弗劳梅尼综合症对多种癌症，包括乳癌和白血病有遗传倾向。婴儿父亲的家族已经有两代带有利弗劳梅尼综合症基因了，这

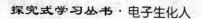
名婴儿的胚胎被放进母亲的子宫以前,曾进行过是否带有家族癌症基因的检验,这是第一对经过利弗劳梅尼综合症遗传检查并怀孕足月的夫妇。

　　问题提出:基因工程技术在设计婴儿方面是可行的,请你探讨一下这样可能会造成什么样的后果?

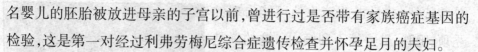

干细胞技术

问题与探究

什么是干细胞?

　　干细胞(Stem Cell)是一种未充分分化,尚不成熟的细胞,具有再生各种组织器官和人体的潜在功能,医学界称之为"万用细胞"。

　　干细胞包括胚胎干细胞和成体干细胞。在胚胎的发生发育中,单个受精卵可以分裂发育为多细胞的组织或器官。在成年动物中,正常的生理代谢或病理损伤也会引起组织或器

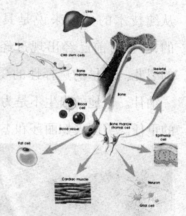

干细胞能够分化成各种组织和器官,称为"万能细胞"

官的修复再生。胚胎的分化形成和成年组织的再生是干细胞进一步分化的结果。胚胎干细胞是全能的,具有分化为几乎全部组织和器官的能力。而成年组织或器官内的干细胞一般认为具有组织特异性,只能分化成特定的细胞或组织。

　　问题提出:什么是胚胎干细胞?

　　卵细胞受精后很快就开始分裂,先是1个受精卵分裂成2个细胞,然后继续分裂,直至分裂成有16至32个细胞的细胞团,叫做桑椹胚。这时如果将组成桑椹胚的细胞一一分开,并分别植入到母体的子宫内,则每个

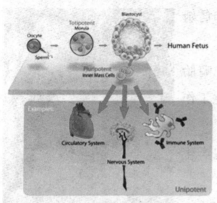

胚胎干细胞及功能示意图

细胞都可以发育成一个完整的胚胎,这种细胞就是胚胎干细胞。

胚胎干细胞具有全能性,可以自我更新并具有分化为体内所有组织的能力。早在 1970 年 Martin Evans 已从小鼠中分离出胚胎干细胞并在体外进行培养。而人的胚胎干细胞的体外培养直到最近才获得成功。

进一步说,胚胎干细胞是一种高度未分化细胞。它具有发育的全能性,能分化出成体动物的所有组织和器官,包括生殖细胞。研究和利用胚胎干细胞是当前生物工程领域的核心问题之一。

问题提出:什么是成体干细胞?

成年动物的许多组织和器官,比如表皮和造血系统,具有修复和再生的能力。成体干细胞在其中起着关键的作用。在特定条件下,成体干细胞或者产生新的干细胞,或者按一定的程序分化,形成新的功能细胞,从而使组织和器官保持生长和衰退的动态平衡。过去认为成体干细胞主要包括上皮干细胞和造血干细胞。最近研究表明,以往认为不能再生的神经组织仍然包含神经干细胞,说明成体干细胞普遍存在,问题是如何寻找和分离各种组织特异性干细胞。

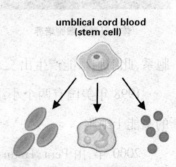

造血干细胞能分化成各种血细胞,不能分化成其它组织和器官,称为多能干细胞。

问题提出:干细胞研究经历了怎样的历程?

干细胞的研究被认为开始于 1960 年代,

生命科学

在加拿大科学家恩尼斯特·莫科洛克和詹姆士·堤尔的研究之后。

60 年代,几个近亲种系的小鼠睾丸畸胎瘤的研究表明其来源于胚胎生殖细胞此工作确立了胚胎癌细胞是一种干细胞;

70 年代,胚胎干细胞注入小鼠胚泡产生杂合小鼠;

1978 年,第一个试管婴儿,Louise Brown 在英国诞生;

1978 年 7 月 25 日世界上第一个试管婴儿路易丝·布朗出生。

1981 年,Evan, Kaufman 和 Martin 从小鼠胚泡内细胞群分离出小鼠胚胎干细胞。他们建立了小鼠胚胎干细胞体外培养条件;

体外胚胎干细胞培养

1984 ~ 1988 年,Anderews 等人从人睾丸畸胎瘤细胞系 Tera－2 中产生出多能的、可鉴定的(克隆化的)细胞,称之为胚胎癌细胞。克隆的人胚胎干细胞在视黄酸的作用下分化形成神经元样细胞和其他类型的细胞;

1989 年,Pera 等分离了一个人胚胎干细胞系,此细胞系能产生出三个胚层的组织;

1998 年美国有两个小组分别培养出了人的多能干细胞;

2000 年,由 Pera、Trounson 和 Bongso 领导的新加坡和澳大利亚科学家从治疗不育症的夫妇捐赠的胚泡内细胞群中分离得到人胚胎干细胞,这些细胞体外增殖,保持正常的核型,

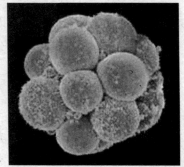

桑葚胚

自发分化形成来源于三个胚层的体细胞系；

2003，建立了人类皮肤细胞与兔子卵细胞种间融合的方法，为人胚胎干细胞研究提供了新的途径；

2004 年，Massachusetts Advanced Cell Technology 报道克隆小鼠的干细胞可以通过形成细小血管的心肌细胞修复心衰小鼠的心肌损伤。这种克隆细胞比来源于骨髓的成体干细胞修复作用更快、更有效，可以取代40%的瘢痕组织和恢复心肌功能。这是首次显示克隆干细胞在活体动物体内修复受损组织。

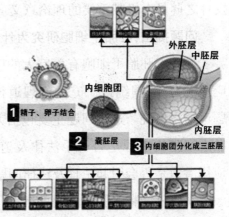
受精卵发育成三胚层的体细胞系

问题与探究

获取胚胎干细胞为什么存在伦理之争？

问题提出：胚胎干细胞如何获取？

胚胎干细胞只能通过胚胎获取。体外受精卵在分裂期的早期、尚未植入子宫

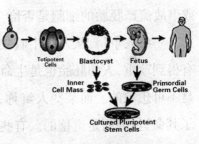
胚胎干细胞的获取

胚胎能发育成人，而取胚胎干细胞会损伤人胚胎，所以到目前为止对于人类胚胎研究还没开绿灯。

之前，会形成一个称为囊胚的结构，它由大约140 个左右的细胞组成。在囊胚内部的一端，有一个"内细胞群"，这个细胞群便是具有全部分化能力的胚胎干细胞集合。此时将它们取出，做成细胞悬液，在体外进行培养，就可以通过改变体外培养条件来探索胚胎干细胞向不同组织细胞分化的规律，对揭开人体的个体发育之谜具有极其重要的理论意义。

问题提出:胚胎干细胞研究为什么会引起伦理争议?

尽管人胚胎干细胞有着巨大的医学应用潜力,但围绕该研究的伦理道德问题也随之出现。这些问题主要包括人胚胎干细胞的来源是否合乎法律及道德,应用潜力是否会引起伦理及法律问题。

科学家培养个体的组织和器官是否道德? 会不会导致器官买卖盛行?

从体外受精人胚中获得的胚胎干细胞在适当条件下能否发育成人? 干细胞要是来自自愿终止妊娠的孕妇该如何办? 为获得胚胎干细胞而杀死人胚是否道德? 是不是良好的愿望为邪恶的手段提供了正当理由? 使用来自自发或事故流产胚胎的细胞是否恰当?

一些人争辩,从人胚中收集胚胎干细胞是不道德的,因为人的生命没有得到珍重,人的胚胎也是生命的一种形式,无论目的如何高尚,破坏人胚是不可想象的。而某些人辩称,由于科学家们没有杀死细胞,而只是改变了其命运,因而是道德的。有些人担心,为获得更多的细胞系,公司会资助体外受精获得囊胚及人工流产获得胎儿组织。他们建议应该鼓励成人体干细胞研究而应放弃胚胎干细胞研究。

胚胎干细胞诱导产生的器官会不会被用于不正当用途? 该如何控制?

如果胚胎干细胞和胚胎生殖细胞可以作为细胞系而可买卖获取,科学家使用它们符合道德规范吗? 什么类型的研究可被接受? 能允许科学家为研究发育过程或建立医学移植组织而培养个体组织和器官吗? 由于目前已接受人体基因可以插入动物细胞中,将人胚胎

生命科学

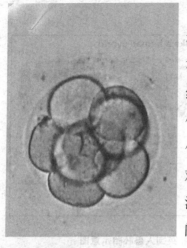

从8细胞的胚中提取一个细胞，然后将该细胞诱导成胚胎干细胞，而剩下的7细胞能正常发育成个体，这样就绕开了伦理和道德问题。

干细胞嵌入家畜胚胎中创立嵌合体来获得移植用人体器官是否道德？为了治疗，改变来自有基因缺陷胚胎的胚胎干细胞的基因，并使其继续发育成健康个体是否道德？如果人的替代组织极易获取，会不会有更多的人将不负责任地生活，而从事高风险的活动？这些问题很难简单回答，必须认真研究人胚胎干细胞研究涉及的伦理、社会、法律、医学、神学和道德问题。

问题提出：有什么方法在不伤害胚胎的情况下获得胚胎干细胞？

美国细胞高级技术研究所的专家们在人的受精卵分裂成有8个细胞的分裂球时从中提取一个细胞，使其与层粘连蛋白结合，进而将它们诱导成胚胎干细胞。

这些是真实的胚胎干细胞。在实验室里，它们能正常地发育分化为其他各类细胞这种从分裂球中提取细胞的方法，类似于从体外受精后形成的胚胎中提取细胞进行基因检测的方法，这种检测每年都要进行数千例，通常情况下不会伤害胚胎。而对于剩下7个细胞的分裂球而言，它依然具备正常发育直至成为正常婴儿的能力。

这种新方法提供了在不伤害胚胎的前提下大量制造胚胎干细胞的途径，这已经成为触手可及的工艺，可以用于增加胚胎干细胞的数量以满足科研需求。同时又避开了相关的伦理争议，有望加速胚胎干细胞用于临床医疗的多项研究。

如果人兽混合胚胎发育成个体，那这个个体是什么？

生命科学

问题提出:人兽混合胚胎为哪般?

英国纽卡斯尔大学的科学家日前培育出英国首个人兽混合胚胎。胚胎成活了 3 天,主要用于医学研究。

科学家从人的皮肤细胞中提取出细胞核,然后将其植入几乎被完全剔除了遗传信息的牛卵细胞中,从而培育出这种混合胚胎。

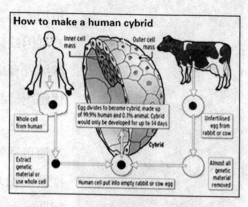

英国人兽胚胎示意图

研究人员指出,使用母牛的卵子而非人类的卵子,主要是人类的卵子十分珍贵而且来源有限,所有的胚胎将仅供研究使用,不会让胚胎成长时间超过十四天,取出干细胞后,将有助了解包括中风、糖尿病等多种疾病的肇因,并进而研发治疗方法。

科学探究:寻找胚胎以外的干细胞

从胚胎获取干细胞有困难,一些研究人员把目光放在了胚胎以外的干细胞上。他们认为,除了胚胎人们还可以在人体的其他组织和器官内直接找到干细胞,如骨髓干细胞和血管内的干细胞来培养组织和器官,但是这样的干细胞能否培养出全能分化或定向培养成有功能的能够应用于临床的器官和组织却很难说,因为从理论上讲它们都是已经发育成熟的成年干细胞,不像胚胎干细胞那样尚未发育过。不过已有研究人员在做这方面的尝试,而且有一定的成果比如,早在1999年,美国麻省波士顿儿童医院的研究人员

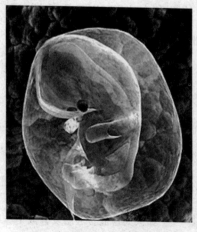

人兽混合胚胎是怎样的胚胎呢?

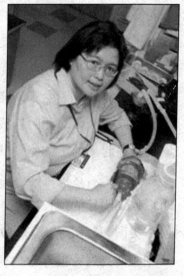

就培育成了一种心脏瓣膜。具体作法是，从股动脉分离出干细胞，以此作为种子，经两周培养生成 2000 万个细胞，从中再分选出内皮细胞和成肌纤维细胞。然后将成肌纤维细胞种植在聚乙醇酸的二酮衍生物基片上，再在模板中培养两周就成为心脏瓣膜。由于这个过程较长，要运用生物医学工程、生物材料、生物技术、生物力学、细胞生物学、生物化学和分子生物学等方面的知识与技术，所以又把这种过程称为组织工程（学）或再生医学，把用这种方式培养的组织和器官称为组织工程器官（组织）。

波士顿儿童医院的研究人员

利用干细胞培养组织和器官面临的最大难题是，要解决再造器官（或培养的器官、复制器官）的三个问题，即要使器官有血液供应；有神经支配，并与大脑的神经支配协调一致；同时再造器官在人体生理环境中要协调。这几个问题有待进一步研究。

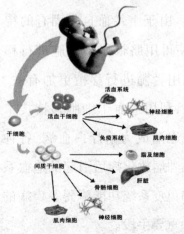

干细胞在医学领域应用非常广泛

问题与探究

干细胞有什么用途？

干细胞的用途非常广泛，涉及到医学的多个领域。目前，科学家已经能够在体外鉴别、分离、纯化、扩增和培养人体胚胎干细胞，并以这样的干细胞为"种子"，培育出一些人的组织器官。干细胞及其衍生组织器官的广泛临床应用，将产生一种全新的医疗技术，也就是再造人体正常的甚至年轻的组织器官，从而使

生命科学

生命科学

人能够用上自己的或他人的干细胞或由干细胞所衍生出的新的组织器官，来替换自身病变的或衰老的组织器官。假如某位老年人能够使用上自己或他人婴幼儿时期或者青年时期保存起来的干细胞及其衍生组织器官，那么，这位老年人的寿命就可以得到明显的延长。

美国《科学》杂志于 1999 年将干细胞研究列为世界十大科学成就的第一，排在人类基因组测序和克隆技术之前。

器官移植

问题提出：能用干细胞治疗某些疾病吗？

新加坡国立大学医院和中央医院通过脐带血干细胞移植手术，根治了一名因家族遗传而患上严重的地中海贫血症的男童，这是世界上第一例移植非亲属的脐带血干细胞而使患者痊愈的手术。医生们认为，脐带血干细胞移植手术并不复杂，就像给患者输血一样。由于脐带血自身固有的特性，使得用脐带血干细胞进行移植比用骨髓进行移植更加有效。现在，利用造血干细胞移植技术已经逐渐成为治疗白血病、各种恶性肿瘤放化疗后引起的造血系统和免疫系统功能障碍等疾病的一种重要手段。

科学家预言，用神经干细胞

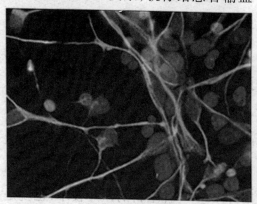

培养皿中的神经干细胞(细胞核呈蓝色)

替代已被破坏的神经细胞,有望使因脊髓损伤而瘫痪的病人重新站立起来;不久的将来,失明、帕金森氏综合症、艾滋病、老年性痴呆、心肌梗塞和糖尿病等绝大多数疾病的患者,都可望借助干细胞移植手术获得康复。

问题提出:能诱导干细胞形成器官用于移植吗?

全世界有数十万人迫切需要移植器官,但不幸是,器官并不是那么容易得到,移植者赢得二次生命的机会只能依靠机率很小的组织相容性。但现在一项新研究燃起了新希望:有一天或许可通过用移植者自己的干细胞进行体外诱导,定制出"个性化"器官来解决这个问题。这种方法培养出来的器官诸如肝脏,

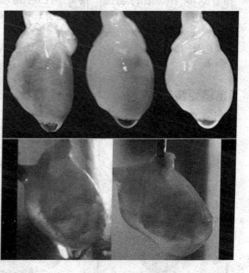

干细胞分化成心脏

实际上如同患者自身长出的一样,在主要组织相容性抗原和次要组织相容性抗原上都会比较一致,移植后就不会或很少排异。

体外诱导干细胞形成特定器官比体内移植干细胞要复杂得多,现在还无法实现这一目标。不过科学家设想利用干细胞和动物组织工程的结合

长有人耳朵的裸鼠

来解决难题,比如通过形成嵌合体,在严格的控制下,使动物的某些器官来源于人体干细胞。这些来自人体干细胞的器官可应用于临床移植治疗。

从理论上克隆人类胚胎干细胞成功为未来的治疗性克隆提供

生命科学

了许多可能性,但在成功克隆人类胚胎干细胞系到使用其诱导出人体器官和组织之间,科学家们还有很长的一段路要走。

生命科学

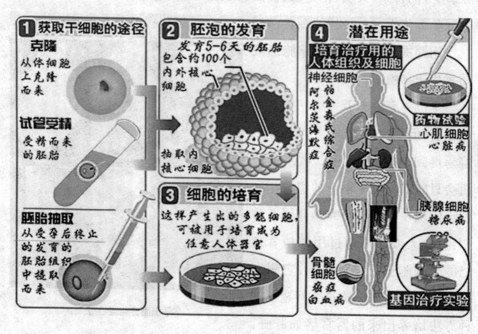

1 获取干细胞的途径
克隆
从体细胞上克隆而来

试管受精
受精而来的胚胎

胚胎抽取
从受孕后终止的发育的胚胎组织中提取而来

2 胚泡的发育
发育5-6天的胚胎包含约100个内外核心细胞

抽取内核心细胞

3 细胞的培育
这样产生出的多能细胞,可被用于培育成为任意人体器官

4 潜在用途
培育治疗用的人体组织及细胞
神经细胞
帕金森氏综合症
阿尔茨海默症

药物试验
心肌细胞
心脏病

胰腺细胞
糖尿病

骨髓细胞
癌症
白血病

基因治疗实验

干细胞获得途径和潜在用途

克 隆 技 术

问题与探究

什么是克隆?

克隆是英文"clone"的音译,而英文"clone"则起源于希腊文"Klone",原意是指幼苗或嫩枝,以无性繁殖或营养繁殖的方式培育植物,如杆插和嫁接。如今,克隆是指生物体通过体细胞进行的无性繁殖,以及由无性繁殖形成的基因型完全相同的后代个体组成的种群。

时至今日,"克隆"的含义已不仅仅是"无性繁殖",凡是来自同一个祖先,无性繁殖出的一群个体,也叫"克隆"。这种来自同一个祖先的无性繁殖的后代群体也叫"无性繁殖系",简称无性系。简单讲就是一种人工诱导的无性繁殖方式。但克隆与无性繁殖是不同的。无性繁殖是指不经过雌雄两性生殖细胞的结合、只由一个生物体产生后代的生殖方式,常见的有孢子生殖、出芽生殖和分裂生殖。由植物的根、茎、叶等经过压条或嫁接等方式产生新个体也叫无性繁殖。绵羊、猴子和牛等动物没有人工操作是不能进行无性繁殖的。科学家把人工遗传操作动物繁殖的过程叫克隆,这门生物技术叫克隆技术。

问题提出:科学家是如何进行克隆生物的?

先将含有遗传物质的供体细胞的核移植到去除了细胞核的卵细胞中,利用微电流

Bud Grafting

Cleft Grafting

植物的嫁接、扦插也是克隆

生命科学

刺激等使两者融合为一体,然后促使这一新细胞分裂繁殖发育成胚胎,当胚胎发育到一定程度后,再被植入动物子宫中使动物怀孕,便可产下与提供细胞者基因相同的动物。这一过程中如果对供体细胞进行基因改造,那么无性繁殖的动物后代基因就会发生相同的变化。

克隆技术不需要雌雄交配,不需要精子和卵子的结合,只需从动物身上提取一个单细胞,用人工的方法将其培养成胚胎,再将胚胎

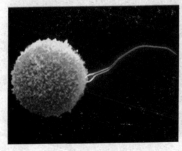

精子与卵细胞结合(受精作用)

植入雌性动物体内,就可孕育出新的个体。这种以单细胞培养出来的克隆动物,具有与单细胞供体完全相同的特征,是单细胞供体的"复制品"。

生命科学

克隆实验:多莉羊的克隆过程

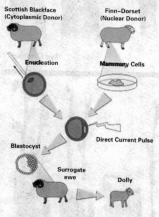

多利羊培育过程

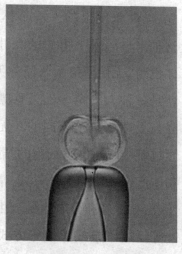

克隆需要显微植入细胞核

在 1997 年 2 月英国罗斯林研究所维尔穆特博士科研组公布体细胞克隆羊"多利"培育成功在培育多利羊的过程中,科学家采用了体细胞克隆技术。也就是说,从一只成年绵羊身上提取体细胞,然后把这个体细胞的细胞核注入另一只绵羊的卵细胞之中,而这个卵细胞已经抽去了细胞核,最终新合成的卵细胞在第三只绵羊的子宫内发育形成了多利羊。从理论上而言,多利继承了提供体细胞的那只绵羊的遗传特征。

培育多利羊的技术,已经成为如今培育体细胞克隆动物的标准过程。但是科学家当时一共培育了 277 个胚胎,最后只有多利成功出生,体细胞克隆技术的低成功率,一直到现在也没有明显改善。

问题提出:多利羊为什么在壮年时就死了?

"多利"于 1996 年 7 月 5 日出生,于 1997 年 2 月 23 日被介绍给公众,2003 年 2 月 14 日"多利"已因肺部感染而死亡。"享

刚出生时的多利羊

年"不到 7 岁,羊通常可以存活 11 至 12 年,而肺部感染对于高龄羊来说是"典型的病症"。

患关节炎时的"多利"羊

在死前大约一年前已经发现多利羊的左后腿患上了关节炎,而这种典型的"高龄病症"对当时还年轻的多利而言,很可能意味着目前的克隆技术尚不完善。

世界第一头体细胞克隆动物多利羊在给我们带来振奋、困惑和争论之后,永远离开了我们。如同它问世时一样,寿命仅 6 岁半的多利羊壮年早折,又为克隆技术及其应用带来了争论,同时也留下了一些谜团,其中最大的一个谜就是克隆动物是否早衰,有人称之为多利羊难题。

所谓多利羊难题是指,克隆动物的年龄到底是从 0 岁开始计算,还是从被克隆动物的年龄开始累积计算,还是从两者之间的某个年龄开始计算?对于多利羊而言,它是用一只 6 岁母羊的体细胞克隆的,它的终年到底是 6 岁半,还是 12 岁半,还是 8 岁或 10 岁?

多利羊难题自多利羊问世时就被人们关注。最初几年,多利羊正常生长、发育、生子,曾给第一种推测带来了很大希望,但 2002 年 1 月科学家发现多利羊的左后腿患上了关节炎这种典型的"高龄病症",这一早衰现象又使第二种和第三种推测的可能性增加。现在,多利羊壮年死于老年羊常得的肺部感染疾

多利羊之父威尔默特与已被制成标本的多利

生命科学

病,无疑又加重了第二种推测的砝码,因为绵羊通常能活 11 到 12 年,如果加上用于克隆多利羊的绵羊 6 岁的年龄,多利羊也算寿终正寝。

问题与探究

克隆技术存在什么弊端?

1.生态层面,克隆技术导致的基因复制,会威胁基因多样性的保持,生物的演化将出现一个逆向的颠倒过程,即由复杂走向简单,这对生物的生存是极为不利的。

人能够克隆了,还会有正常生育吗? 人的进化还会持续吗?

2.文化层面,克隆人是对自然生殖的替代和否定,打破了生物演进的自律性,带有典型的反自然性质。与当今正在兴起的崇尚天人合一、回归自然的基本文化趋向相悖。

如果克隆人合法,那我们还能认识谁是谁吗?

3.哲学层面,通过克隆技术实现人的自我复制和自我再现之后,可能导致人的身心关系的紊乱。人的不可重复性和不可替代性的个性规定因大量复制而丧失了唯一性,丧失了自我及其个性特征的自然基础和生物学前提。

4.血缘生育构成了社会结构和社会关系。为什么不同的国家、不同的种族几乎都反对克隆人,原因就是这是另一种生育模式,现在单亲家庭子女教育问题备受关注,就是关注一个情感培育问题,人的成长是在两性繁殖、双亲抚育的状态下完成的,几千年

克隆婴儿批量生产将引发一系列道德争论

来一直如此,克隆人的出现,社会该如何应对,克隆人与被克隆人的关系到底该是什么呢?

5. 身份和社会权利难以分辨。假如有一天,突然有 20 个儿子来分你的财产,他们的指纹、基因都一样,该咋办? 是不是要像汽车挂牌照一样在他们额头上刻上克隆人 A0001、克隆人 A0002 之类的标记才能识别。

6. 可能支持克隆人的人有一个观点:解决无法生育的问题。但一个没有生育能力的人克隆的下一代还会没有生育能力。你自认为优秀,可克隆出的人除血型、相貌、指纹、基因和你一样外,其性格、行为可能完全不同,你能保证克隆人会和你一样优秀而不误入歧途吗? 在克隆人研究中,如果出现异常,有缺陷的克隆人不能像克隆的动物随意处理掉,这也是一个麻烦。因此在目前的环境下,不仅是观念、制度,包括整个社会结构都不知道怎么来接纳克隆人。

如果是治疗性克隆,那就另当别论了

7. 根据信息克隆生物有早衰性,"多利"就是实例。

问题提出:为什么现在克隆人的研究是违法的?

克隆人的过程对于克隆人的生命健康存在着情节严重的伤害行为,这是违背宪法、刑法精神的行为。

从动物克隆的实验来看,克隆物种的成活率很低。在多莉羊的克隆实

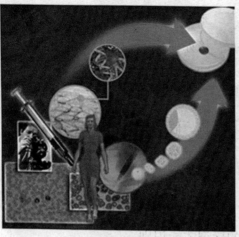

克隆人可能在不久的将来就来到这个世上

验中,277 个胚胎融合仅仅成活了多莉一个,成功率只有0.36%。许多有幸降生的克隆小牛,有很多很快死于心脏异常、尿毒症或呼吸困难。出生后的克隆动物部分个体表现出生理或免疫缺陷。血液的含氧量和生长因子的浓度低于正常;胸腺、脾、淋巴腺发育不正常等。

现在可以看出来,同正常生殖相比,通过克隆方式产生的生命大多存在着残疾、夭折。可以想象,在制造克隆人的过程中必定会出现各种各样的残疾的人类,或是残疾的胚胎或是残疾的婴儿。这时,疯狂的科学家难道会承担起养育这些人类生命的责任吗,恐怕任何人也不会相信。

克隆人的研究存在着致人死亡或残疾的可能性后果,并且几乎是一种必然性。行为人在主观明知的情况下从事这种研究,由于其行为必然或极可能导致克隆人生命致死甚至致残,因此,这就是一种故意杀人和故意伤害罪。

问题与探究

我国的克隆技术如何?

1965 年生物学家童第周对金鱼、鲫鱼进行细胞核移植。

1990 年西北农业大学畜牧所克隆一只山羊。

生物学家童第周(右)

1992 年江苏农科院克隆一只兔子。

1993 年中科院发育生物学研究所与扬州大学农学院携手合作，克隆一只山羊。

1995 年华南师范大学与广西农业大学合作，克隆一头奶牛和黄牛的杂种牛；西北农业大学畜牧所克隆六头猪。

1996 年湖南医科大学人类生殖工程研究所克隆六只老鼠；中国农科院畜牧所克隆一头公牛。

1999 年中国科学家周琪在法国获得卵丘细胞克隆小鼠，在国际上首次验证了小鼠成年

雌性体细胞克隆山羊"阳阳"

体细胞克隆工作的可重复性，于 2000 年 5 月用胚胎干细胞克隆出小鼠"哈尔滨"，并于 2000 年 10 月获得第一只不采用"多莉羊"专利技术的克隆牛；中国科学院动物研究所将大熊猫的体细胞植入去核后的兔卵细胞中，成功地培育出了大熊猫的早期胚胎。

1999 年和 2000 年扬州大学与中科院发育所合作，用携带外源基因的体细胞克隆出转基因的山羊。

2000 年我国生物学家在西北农林科技大学种羊场接生了一只雌性体细胞克隆山羊"阳阳"。"阳阳"经自然受孕产下一对混血儿女，"阳阳"的生产可以证明体细胞克隆山羊

体细胞克隆的奶牛

和胚胎克隆山羊具有与普通山羊一样的生育繁殖能力。

2002 年我国首批成年体细胞克隆牛群体诞生。

从上述我们可以看出我国的动物克隆技术是走在世界的前列的。